CARL FREIHERR AUER VON WELSBACH (1858–1929)

SYMPOSIUM
ANLÄSSLICH DES 150. GEBURTSTAGES

Wien, 4. Juni 2008

ÖSTERREICHISCHE AKADEMIE DER WISSENSCHAFTEN
MATHEMATISCH-NATURWISSENSCHAFTLICHE KLASSE

VERÖFFENTLICHUNG DER KOMMISSION FÜR GESCHICHTE DER
NATURWISSENSCHAFTEN, MATHEMATIK UND MEDIZIN NR. 62

Carl Freiherr Auer von Welsbach (1858-1929)

Symposium

anlässlich des 150. Geburtstages

Wien, 4. Juni 2008

Verlag der
Österreichischen Akademie
der Wissenschaften

Wien 2011

OAW

Vorgelegt von w. M. Peter Schuster in der Sitzung am 22. April 2010

Inhaltsverzeichnis

Vorwort

Stellen wir uns einen heutigen Spitzenwissenschafter vor: Er ist mit seiner Arbeit als Forscher und den damit verbundenen Nebentätigkeiten in der wissenschaftlichen und allgemeinen Gesellschaft voll ausgelastet. Einige wenige schaffen es noch bei der Gründung einer Firma Pate zu stehen oder eine zeitlich befristete politische Funktion zu übernehmen. Am 1. September 1858 wurde Carl Auer Freiherr von Welsbach in Wien geboren. Die Kommission für Geschichte der Naturwissenschaften, Mathematik und Medizin der Österreichischen Akademie der Wissenschaften nahm die 150te Wiederkehr seines Geburtstags zum Anlass, am 4. Juni 2008 ein eintägiges Symposium über den Wissenschafter, Erfinder und Unternehmer zu veranstalten. Die Aufzählung seiner erfolgreichen Aktivitäten in drei verschiedenen Bereichen der Gesellschaft ist keine übliche ehrende Höflichkeit. Auer von Welsbach hat auf allen drei Gebieten Bahnbrechendes geleistet und er stellt im besten Sinne des Wortes einen Vertreter der Klasse der heute ausgestorbenen oder zumindest sehr selten gewordenen Universalgenies dar. Als Wissenschafter hat er zwei – nach dem gewonnenen Prioritätsstreit mit Georges Urbain vier – chemische Elemente entdeckt und auf Kristallisation beruhende Trennverfahren ebenso wie die Sintermetallurgie zur Perfektion entwickelt. Auf ihn als Erfinder gehen drei grundlegende Innovationen zurück: (i) der Gasglühstrumpf, (ii) die Metallfadenglühlampe und (iii) der Zündstein. Alle drei Erfindungen haben in einem Siegeszug über die ganze Welt die Möglichkeiten, Licht und Feuer zu machen, revolutioniert. Der Unternehmer Auer von Welsbach war nicht minder erfolgreich. Wir Österreicher sehen vor allem die Treibacher Chemischen Werke, die er in Kärnten begründet hat. Zusammen mit dem Berliner Bankier Leopold Koppel hat er die Auergesellschaft gegründet, aus der die bis heute führende Glühlampenerzeugung OSRAM und zahlreiche Töchter unter anderem in den USA und in Großbritannien hervorgegangen sind. In der Tagung kamen zwölf Sprecher zu Wort, welche die verschiedenen Facetten des Menschen Auer von Welsbach und seines Lebenswerkes beleuchteten. Hermann Hunger, dem Obmann der Kommission für Geschichte der Naturwissenschaften, Mathematik und Medizin, und Lore Sexl verdanken wir nicht nur eine überaus interessante Tagung, sondern auch das Sammeln der Manuskripte für diesen Band, das erwartungsgemäß sehr mühsam war.

Peter Schuster

Wien, 22. 09. 2009

Begrüßung und Eröffnung

PETER SCHUSTER, PRÄSIDENT DER OAW:

Meine sehr geehrten Damen und Herren,

aus Anlass der 150ten Wiederkehr des Geburtstages von Carl Freiherr Auer von Welsbach begrüße ich Sie im Namen der Österreichischen Akademie der Wissenschaften zu einem Symposium, das in einem weiten Bogen unterschiedliche Facetten des Lebens und der Persönlichkeit Auer von Welsbachs, seines Wirkens und dessen Auswirkungen beleuchten wird. Ich will nicht verabsäumen, schon jetzt den Veranstaltern ganz besonders herzlich zu danken: Es sind dies im Namen der Kommission für Geschichte der Naturwissenschaften, Mathematik und Medizin, vor allem Frau Lore Sexl und Obmann Hermann Hunger, die das Programm für das Symposium erstellt haben und seinen Ablauf bis ins letzte Detail organisierten. Mein besonderer Gruß und Dank gilt allen unseren Vortragenden, dem Vertreter der Familien Auer von Welsbach, Hermann Auer von Welsbach, dem Präsidenten des Fonds zur Förderung der wissenschaftlichen Forschung Christoph Kratky, dem Vorstandsmitglied der Treibacher Chemischen Werke Alexander Bouvier, der Vorsteherin und Direktorin der Bibliothek des Österreichischen Patentamtes Ingrid Weidinger, dem Chemiker Rudolf Werner Soukup, dem Leiter des Auer von Welsbach Museums Althofen, Roland Adunka, dem anorganischen Chemiker und Experten für die Seltenen Erden, Kurt Rossmanith, dem Chemiker und Wissenschaftshistoriker Gerhard Pohl, dem Physiker und Experten für die Datierung mit Hilfe von Isotopen, Walter Kutschera, der Chemikerin Inge Schuster und „last but not least" unserem Festvortragender des heutigen Abends, dem Chemiker und Mitgestalter der Österreichischen Wissenschaftslandschaft Kurt Komarek.

Carl Auer, Freiherr von Welsbach wurde am 01.09.1858 in Wien geboren, wo er auch zur Schule ging und maturierte. Nach Absolvierung des Militärdienstes begann Auer von Welsbach im Jahre 1878 Chemie, Physik und Mathematik an der Technischen Hochschule Wien und setzte sein Studium 1880 in Heidelberg fort. Der Wechsel von Wien nach Heidelberg war alles andere als zufällig. Um die Situation der Chemie in Wien besser verstehen zu können, versetzen wir uns in die erste Hälfte des 19. Jahrhunderts zurück. Dies ist die Zeit der aufstrebenden Naturwissenschaft und insbesondere der Chemie in den führenden europäischen Ländern wie beispielsweise Deutschland, dem Vereinigten Königreich, Frankreich und Schweden. In seinem 1838 geschriebenen Artikel „Der Zustand der Chemie in Österreich" kommt der berühmte deutsche Chemiker Justus von Liebig zum Schluss, „dass die Chemie, so wie sie in Österreich betrieben wird, nicht als Wissenschaft bezeichnet werden könnte".[1] Etwa um dieselbe Zeit, im Jahre 1840 ist Friedrich Wöhler anlässlich eines Besuches in Wien stark beeindruckt von der erstklassigen Ausstattung der chemischen Laboratorien an der Technischen Hochschule aber, so fügt er hinzu, „niemand arbeitet hier".[2] Die Verantwortlichen in der Habsburgermonarchie hatten sehr wohl die Gefahr erkannt, dass als Folge der Vernachlässigung der naturwissenschaftlichen Fächer, die in anderen Ländern bereits einsetzende Industrialisierungswelle in Österreich ausbleiben könnte und machten dementsprechend große Investitionen. Diese waren teilweise erfolgreich, denn einige hervorragende Forscherpersönlichkeiten auf den Gebieten der Physik und Chemie sind in der zweiten Hälfte des 19. Jahrhunderts aus österreichischen Universitäten hervorgegangen.[3] Trotzdem litt die philosophische Fakultät der Universität Wien am Ende des 19.

---

[1] J. v. Liebig. *Der Zustand der Chemie in Österreich.* In: *Reden und Abhandlungen von Justus von Liebig.* C. F. Winter'sche Verlagshandlung, Leipzig und Heidelberg 1874 und VDM Verlag Dr. Müller, Saarbrücken, DE 2006.

[2] A. Kernbauer. Chemical Education in the Habsburg Monarchy's Universities and Technical Colleges around 1861, Kap.31, pp.289–296 in: Wilhelm Fleischhacker, Thomas Schönfeld, Eds. Pioneering Ideas for the Physical and Chemical Sciences. Josef Loschmidt's Contributions and Modern Developments in Strutural Organic Chemistry, Atomistics, and Statistical Mechanics. Springer-Verlag, Berlin 1997.

[3] A. Kernbauer. *The Scientific Community of Chemists and Physicists in the Nineteenth-Century Habsburg Monarchy.* Center for Austrian Studies, WP 95-4, Minneapolis, MN 1997.

Jahrhunderts an vielen unter anderem auch an finanziellen Problemen, wie eine Denkschrift aus dem Jahre 1902 zum Ausdruck bringt.[4] Die *Neue Freie Presse* exzerpiert aus dieser Schrift: *„Sollen unsere naturwissenschaftlichen Institute jemals mit denen Deutschlands in Konkurrenz treten, so wird es nicht genügen, hier und dort durch momentane Flickarbeit die ärgsten Mängel zu beheben; es wird einer großen und groß angelegten Aktion bedürfen, um die Schäden, die durch eine jahrelange Vernachlässigung entstanden sind, wieder gutzumachen. ...... Wer als Vertreter eines Wiener Instituts die Naturforscherversammlung zu Wien im Jahre 1894 mitgemacht hat, wird nicht so bald das Gefühl der Beschämung vergessen, das ihn bei der Besichtigung der Institute durch die fremden Gäste überfiel. ...... Dass jemand aus dem Ausland nach Wien an eine experimentelle Lehrkanzel kommt, ist so gut wie ausgeschlossen."*

Karl Kraus bringt die gravierenden Schwierigkeiten in seiner sarkastischen Art auf den Punkt. Unzureichende Ausstattung und schlechte Dotierung kann nur drittklassige Hochschullehrer anlocken: *„... Diesen Jahrgang (den vierten Jahrgang im Chemiestudium an der TU Wien) beherrscht die organisch-chemische Technologie, jener Zweig, der im Deutschen Reich durch die imposante Industrie der Farbstoffe, Heilmittel etc. repräsentiert wird. Bis zum Jahre 1894 war diese Lehrkanzel mit dem berüchtigten J. J. Pohl besetzt, der die ganze Farbenchemie als einen ,reichsdeutschen Schwindel' bezeichnete. Ihm folgte der jetzige Hofrath Professor Dr. Hugo Ritter v. Perger. Das bedeutete immerhin einen Fortschritt; denn während Pohl Farbstoffe kaum vom Hörensagen kannte, hat Perger schon manchen gesehen. Freilich erfunden hat er noch keinen. ...".*[5] und ein Jahr später schreibt er den Mangel an Universitätsprofessorenstellen anprangernd: *„... Weder Hofrath v. Perger, noch der gegenwärtig einzige ordentliche Professor der Chemie an der Wiener Universität, Hofrath Adolf Lieben — ein Gelehrter, der vor Jahrzehnten wissenschaftliche Leistungen aufzuweisen hatte —, sind im Stande, den Anforderungen zu entsprechen, die die vom österreichischen Chemikerverein entworfene Studienordnung an den Lehrer stellt. ..."*

Wie anders war da das wissenschaftliche Umfeld an der Universität Heidelberg! Das Institut von Robert Wilhelm Bunsen war zweifelsohne eine weltweit erste Adresse in der Chemie und Auer von Welsbach erwarb dort jene Kenntnisse in der anorganischen und physikalischen Chemie, insbesondere in der Atomspektroskopie, welche die Grundlage für seine Entdeckungen und Erfindungen bildeten. Zwei Jahre lang arbeitete Auer bei Bunsen an seiner Dissertation. Zum Zeitpunkt seiner Promotion im Mai 1882 war er noch nicht einmal vierundzwanzig Jahre alt. Eine Anmerkung am Rande: Er promovierte ohne eine eigentliche Doktorarbeit verfasst zu haben und er ist nicht der einzige Schüler Robert Bunsens, dem so die Doktorwürde verliehen wurde. Zurück in Wien mietete Auer am Lieben'schen Institut an der Universität Wien ein Laboratorium für seine Experimente.

Auer von Welsbach veröffentlichte 1883, nur ein Jahr nach seiner Rückkehr nach Wien, seine erste wissenschaftliche Arbeit in den Berichten der Kaiserlichen Akademie der Wissenschaften in Wien mit dem Titel: *„Über die seltenen Erden des Gadolinits von Ytterby".* Sie beinhaltet Forschungsergebnisse, die zum Teil aus seiner Tätigkeit bei Bunsen in Heidelberg stammen. Nur zwei Jahre später folgte, ebenfalls in den Berichten der Akademie, eine seiner Schlüsselarbeiten, welche die Auftrennung des vermeintlichen Elements Didym in zwei neue Elemente, Praseodym und Neodym, beschreibt. Über den Wissenschafter, Entdecker, Erfinder, Unternehmer und Menschen Carl Auer von Welsbach wird heute noch viel gesprochen werden. Ich werde mich daher auf ein paar Bemerkungen über seine Rolle in der Akademie und als Unternehmer beschränken.

Auer von Welsbach war Mitglied der Akademie: 1900 wurde er zum korrespondierenden Mitglied in Inland, 1911 zum wirklichen Mitglied gewählt. An der Wand des Clubraums im Erdgeschoss dieses Hauses hängt ein von Frau Olga Prager gemaltes Bild einer Sitzung der Kaiserlichen Akademie der Wissenschaften in Wien aus dem Jahre 1912. Um meine Neugier zu befriedigen, wollte ich wissen, ob das im Jahr davor neu gewählte Mitglied Auer von Welsbach auch bei den Sitzungen zugegen war und auf dem Bild zu sehen wäre. Er ist es, steht ganz am Rande und kann nur in der Vergrößerung gut erkannt werden. Im Jahre 1901 wurde in der Akademie eine Kommission zur Erforschung der radioaktiven Erscheinungen gegründet. Der Nachforschende stößt auf unterschiedliche Berichte hinsichtlich der Mitgliedschaft Auer von Welsbachs zu dieser Kommission. Das Stefan Meyer-Institut für subatomare Physik führt ihn als Gründungsmitglied auf, wogegen er im Almanach der Akademie in keinem Jahr als Kommissionsmitglied genannt wird. Der Almanach erscheint hier als verlässlichere Quelle, wie mir der Archivar der Akademie bestätigte. Unbestritten ist aber der wichtige Beitrag Auer von Welsbachs für

[4] *Denkschrift über die gegenwärtige Lage der Philosophischen Fakultät der Universität Wien.* Verlag Adolf Holzhausen, Wien 1902 und *Denkschrift des Akademischen Senates der Universität Wien. Überreicht der k. k. Regierung und den beiden Häusern des Reichsrates.* Verlag Adolf Holzhausen, Wien 1903.

[5] Karl Kraus. *Die Fackel.* Heft 31, Februar 1900.

die Arbeit der Radiumkommission und die selbstlose Unterstützung der akademischen Wissenschaft durch seine Atzgersdorfer Firma. Aus 10 Tonnen Erzlaugenrückständen der Uranpechblende aus Joachimsthal wurden etwa drei Gramm reinstes Radiumchlorid hergestellt,[6] das die erste Atomgewichtsbestimmung ermöglichte und den Weg öffnete für die Untersuchungen der Eigenschaften des Radiums. Auer von Welsbach war stets sehr großzügig im Versenden von Proben für wissenschaftliche Studien, wie seine reichliche Korrespondenz unter Beweis stellt.

Die Wiener Präparate aus dieser Zeit stellen einen unschätzbaren Wert dar und werden heute noch ausgiebig zur Sprache kommen. Ich konnte mich indirekt von der Bedeutung der frühen radioaktiven Präparate selbst überzeugen: George Cowan, ein berühmter Kernphysiker der Los Alamos National Laboratories, den ich in Santa Fé kennengelernt habe, flog nach Wien, um die amerikanischen Standards mit den „Urproben" aus den Anfängen der Radioaktivität vergleichen zu können.

Auer als Erfinder wird heute noch eine große Rolle spielen. Ich zitiere nur aus dem Österreich Lexikon *aeiou* zur Eintragung Erfindungen und Erfinder: *„Die chemische Industrie war in Österreich lange Zeit von untergeordneter Bedeutung. Carl Auer von Welsbach (1858–1929), der 1895 den Gasglühstrumpf, 3 Jahre später die Osmium-Metallfadenlampe und 1904 das Cer-Eisen für Feuerzeuge erfand, ist daher eine herausragende Ausnahme."* Von den drei großen Innovationen, die wir Carl Auer von Welsbach verdanken, finde ich die Anekdote über den Zündstein am bemerkenswertesten: Aus der Erzeugung von Gasglühstrümpfen, die Lösungen aus 99% Thoriumnitrat und 1% Cernitrat verwendete, waren riesige Halden an Cerit übrig geblieben. Beim Suchen nach einer Verwendung für diese Rückstände entdeckte Auer die pyrophore Wirkung von Cer-Eisen-Legierungen, die Basis des Auermetalls, aus dem die Zündsteine aller Feuerzeuge gemacht sind. Noch eine kurze Anmerkung zu Auer von Welsbach als erfolgreichem Firmengründer. Im Jahre 1898 gründete er die Treibacher Chemischen Werke in einem schönen Teil Kärntens, in dem er auch seinen Wohnsitz, Schloss Welsbach erbaute. Heute, hundertzehn Jahre nach der Gründung floriert das Unternehmen nach wie vor und schafft über 600 Arbeitsplätze in einer mit Industrie nicht gerade gesegneten Region.

Die eingangs genannten Investitionen der Habsburgermonarchie in die Chemie an den Universitäten haben sich schließlich doch auch hinsichtlich des Entstehens einer neuen Industrie gelohnt, wenn auch über 30 Jahre später und in kleinerem Maßstab verglichen mit Deutschland, in dem Großunternehmen wie BASF, Hoechst und Bayer entstanden – Auer selbst aber verdankte seinen wissenschaftlichen Erfolg größtenteils der Ausbildung in Heidelberg. Österreich ist sich seines berühmten Sohnes Carl Auer von Welsbach auch bewußt: Sein Portrait befand sich auf zwei Briefmarken, einer Zwanzig-Schilling-Note und einigen Münzen. Zahlreiche Straßen, Plätze und Parkanlagen wurden nach ihm benannt.

Meine Damen und Herren, ich werde jetzt die Bühne kompetenteren Rednern überlassen, die uns viel über Carl Auer von Welsbach zu erzählen haben werden. Ich wünsche Ihnen allen und mir selbst einen schönen und interessanten Verlauf des Symposiums.

Danke für Ihre Aufmerksamkeit!

---

[6] L. Haitinger und K. Ulrich. *Sitzungsberichte der Kaiserlichen Akademie der Wissenschaften in Wien* **117**:619–629, 1908.

Carl Auer von Welsbach als Mentor berühmter Wissenschaftler

ROLAND ADUNKA

Dr. Carl Auer von Welsbach
1858–1929
Foto: Privatbesitz Familie Auer von Welsbach

Schloß Welsbach am 12. IX. 1922

Herrn Prof. Niels Bohr
Kopenhagen, Blagdamsvej 15

Hochgeehrter Herr !
….. Zusammenstellungen von Proben für wissenschaftliche Zwecke habe ich den Instituten stets als Geschenk überwiesen; und so wird es auch in Ihrem Falle sein. Wenn Sie aber als Gegengabe den in so großer Not befindlichen wissenschaftlichen Instituten Wiens, etwa dem Laboratorium der Technischen Hochschule oder dem Institute für Radiumforschung eine Spende zuwenden wollen, würde mich das sehr freuen.

Mit hochachtungsvollen Gruß
Ihr ergebener
Auer m.p.

Es überrascht wohl ein wenig, wenn man erfährt, dass ein Industrieller und Wissenschaftler tagtäglich viele Stunden, weit über die zeitgemäßen acht Stunden in seinen Laboratorien auf Schloss Welsbach und in Treibach verbringt und uneigennützig nach arbeitsaufwendigen Verfahren Präparate herstellt, um durch Forscher in aller Welt neue Erkenntnisse in der Wissenschaft zu gewinnen. Zu seiner Zeit wussten es wohl die Empfänger der Präparate und einige „Eingeweihte". Keiner der Beschenkten wollte seine Quelle offenlegen, um den im Verborgenen wirkenden Wohltäter nicht mit noch mehr Arbeiten zu belasten.

Darum ist wohl auch auf der Plakette in der kunstvoll ausgeführten Kassette des im Jahre 1920 an Dr. Carl Auer von Welsbach verliehenen Siemensringes zu lesen: ….. *die Industrie der Edelerden verehrt in ihm ihren Begründer, die Wissenschaft ihren mächtigen Förderer.*

Jeder, der sich an Carl Auer von Welsbach mit einer Bitte um Lanthaniden- oder Actiniden-Verbindungen wandte, kam in den Besitz unschätzbar kostbarer Chemikalien, die in dieser Reinheit weltweit nirgendwo noch dargestellt wurden. Jeder war glücklich, gerade mit Auer-Präparaten seine Forschungen anstellen zu können. Meist listete Auer auf, wann, wohin und an wen er die Lieferungen von über 500 Präparaten zukommen ließ, und so finden sich bedeutende Namen im Kreise seiner bisher bekannten dankbaren Abnehmer, wie:

Tabelle 1:

Beatty/ Cambridge	I.G.Farbenindustrie A.G.
Bohr N./Kopenhagen	Jantsch/Bonn
W. Coster /Kopenhagen	Jantsch/Graz
Aston/Cambridge	Klemm/Hannover
Dessauer/Frankfurt	Komarek
Deutsches Museum/ Prof. Deusberg	Manne Siegbahn/Lund/Upsala
Deutsches Museum/ München	Meyer R.J. /Berlin
Eberhard/Potsdam	Meyer/Institut f. Radium-Forschung
Emich/ Graz	Meyer Stefan/ Radium-Institut in Wien
Eder/Wien	Moser, Prof. f. d. Wiener Polytechnikum
Exner/Wien	Nishina /Kopenhagen
Exner (Radiuminstitut)	Paneth/Graz
Radium Institut/Wien	Physikalisches Institut d. Univ. Bonn
Glaser/Würzburg	Prandtl/München
Goldschmidt/Oslo /Kristiana	Rutherford E. in Cambridge
Haas/Leyden	Soddy/Glasgow
Haschek/Wien	Strba-Böhm/ Prag
Hermann (Sohn) für Dissertation München	Tafert
Hevesy/Kopenhagen (über Nishinia)	Technisches Museum/Wien
Hevesy/Henning/Kopenhagen	Treibacher Chem. Werke
Hevesy/Freiburg	Tomaschek/Heidelberg
Hönigschmid und Paneth	Tomaschek/Marburg
Hönigschmid/ Prag/Wien	Universität Sidney
Hönigschmid für Cabrera in Madrid	Wedekind E./Strassburg i. E.
Hönigschmid zur Atomgewichtsbest.	Wöhler/
	Zennek Jonathan/München

Einige Wissenschaftler wechselten die Institute, ließen aber die Chemikalien den damit noch beschäftigten Kollegen zurück und erbaten neuerlich von Auer Präparate.

Auch im Schlussteil der Laudatio der Deutschen Chemischen Gesellschaft kommt seine erstaunliche Hilfsbereitschaft deutlich zum Ausdruck:

Herrn Dr. Carl Freiherrn Auer von Welsbach zum 70. Geburtstag 1. September 1928

...... Dies führt uns zu der Seite Ihres Wirkens, deren sich Gelehrte vieler Länder heute mit besonderer Dankbarkeit erinnern, Ihrer steten Hilfsbereitschaft, wo es galt, die Forschung anderer zu unterstützen. Das Gebiet der Seltenen Erden, nur von wenigen Experimentalforschern beachtet, als Sie es zu Ihrem Spezialstudium erwählten, steht heute für Fragen des Atombaues im Mittelpunkt theoretischen Interesses, und reinste Präparate sind die Vorbedingung für viele grundlegende Untersuchungen. Sie haben als Frucht jahrelanger Mühen die ganze Reihe Seltener Erden in unvergleichlicher Reinheit dargestellt, und wann immer ein Fachgenosse sich an Sie wandte mit der Bitte, ihm für wissenschaftliche Zwecke Proben Ihrer Schätze zu überlassen, haben Sie diesem Wunsch in großzügiger Weise entsprochen. Gewaltig ist die Zahl der Arbeiten, nicht nur in Österreich und Deutschland, sondern auch im Ausland, die mit Ihrem Material Seltener Erden ausgeführt worden sind, und für Chemie und Physik gleich wichtige Ergebnisse konnten nur dank Ihrer selbstlosen Unterstützung gewonnen werden.

So verehren wir heute in Ihnen nicht nur den unbestrittenen Meister in Wissenschaft und Technik, sondern auch den tatkräftigen Förderer fremder Untersuchungen, der stets bereit war, seine eigenen mühevollen Arbeiten aufgehen zu lassen in neuen wissenschaftlichen Zusammenhängen, mit jener Bescheidenheit und Zurückhaltung, die Sie auch im Leben geübt haben und die Sie ebenso auszeichnet wie die Überlegenheit Ihrer Fähigkeiten und der Glanz Ihrer eigenen berühmten Arbeiten. In diesem unpersönlichen Dienst an der Wissenschaft nicht weniger als in den Leistungen, die Ihren Namen unsterblich gemacht haben, sind Sie uns Vorbild und Führer, und unser Wunsch am heutigen Tag geht dahin, daß Sie der Deutschen Chemischen Wissenschaft und der Deutschen Chemischen Gesellschaft noch lange in unveränderter Frische als eine Ihrer größten Zierden erhalten bleiben mögen.

Berlin, den 1. September 1928   Die Deutsche Chemische Gesellschaft

Was damals in Forscherkreisen wohl allgemein bekannt war, ist im Laufe der Zeit immer mehr in Vergessenheit geraten. Ein glücklicher Zufall brachte zahlreiche Notizen, Bitt- und Dankesbriefe sowie auch die Begleitschreiben zu den Präparate-Lieferungen Auers von Welsbach wieder zum Vorschein. Aus der großen, bisher unbearbeiteten Anzahl der Zeugnisse sollen hier einige veröffentlicht werden.

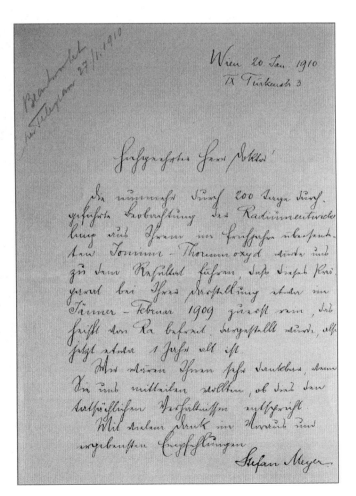

Abb. 1: 1909 gibt Carl Auer von Welsbach Jonium (Th_{230})-Thoriumoxid zur Untersuchung des radioaktiven Zerfalls an Stefan Meyer.

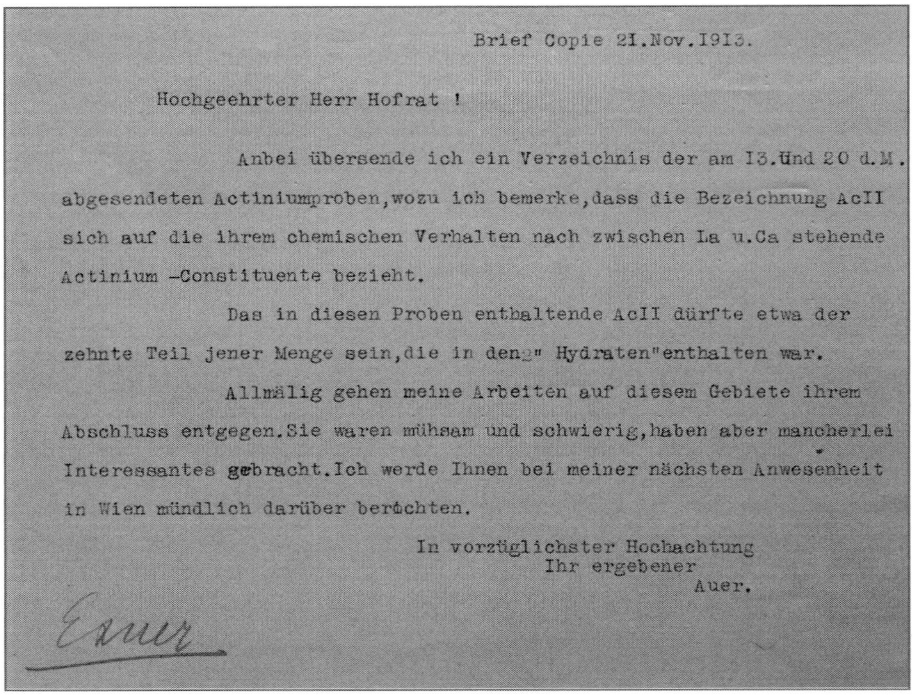

Abb. 2: Exner erhält Actiniumproben, die Auer aus den Rückständen („Hydrate")
der Radiumgewinnung abscheidet.

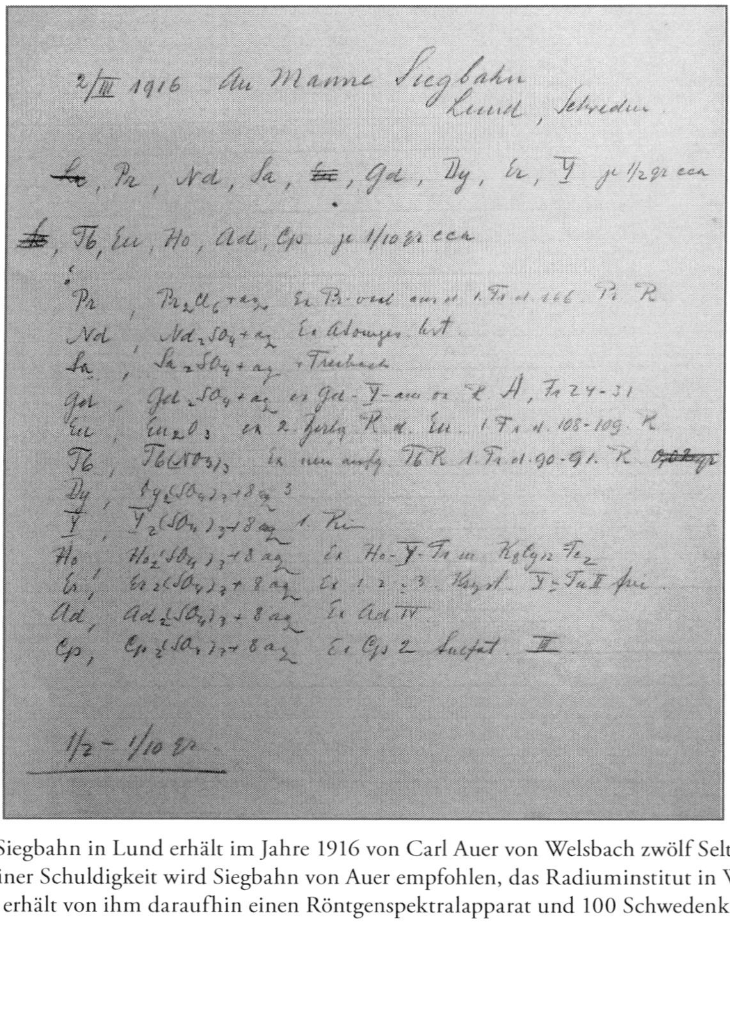

Abb. 3: Manne Siegbahn in Lund erhält im Jahre 1916 von Carl Auer von Welsbach zwölf Seltenerd-Präparate.
Auf die Frage nach seiner Schuldigkeit wird Siegbahn von Auer empfohlen, das Radiuminstitut in Wien zu unterstützen.
Dieses erhält von ihm daraufhin einen Röntgenspektralapparat und 100 Schwedenkronen.

Schloss Welsbach   30. Mai 1923

Hochgeehrter Herr Professor von Hevesy !

….. Ich wiederhole nochmals, wie ich es mündlich bereits betont habe, dass ich jederzeit gerne bereit bin, Ihre Arbeiten durch Abgabe von Präparaten aus meiner Sammlung nach jeder Richtung hin fördern zu helfen; ich wüsste wahrhaft keine bessere Verwendung dafür.

Mit hochachtungsvollem Gruß
Ihr sehr ergebener
Auer

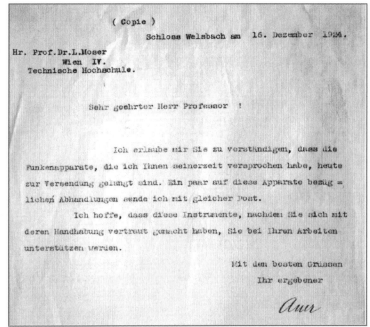

Abb. 4: Auer avisiert der TH Wien Laborgeräte

Abb. 5: Auer von Welsbach schenkte der TH Wien (Prof. Dr. L. Moser) selbst entwickelte Funkenapparate und verbesserte damit die Resultate der Spektralanalyse.

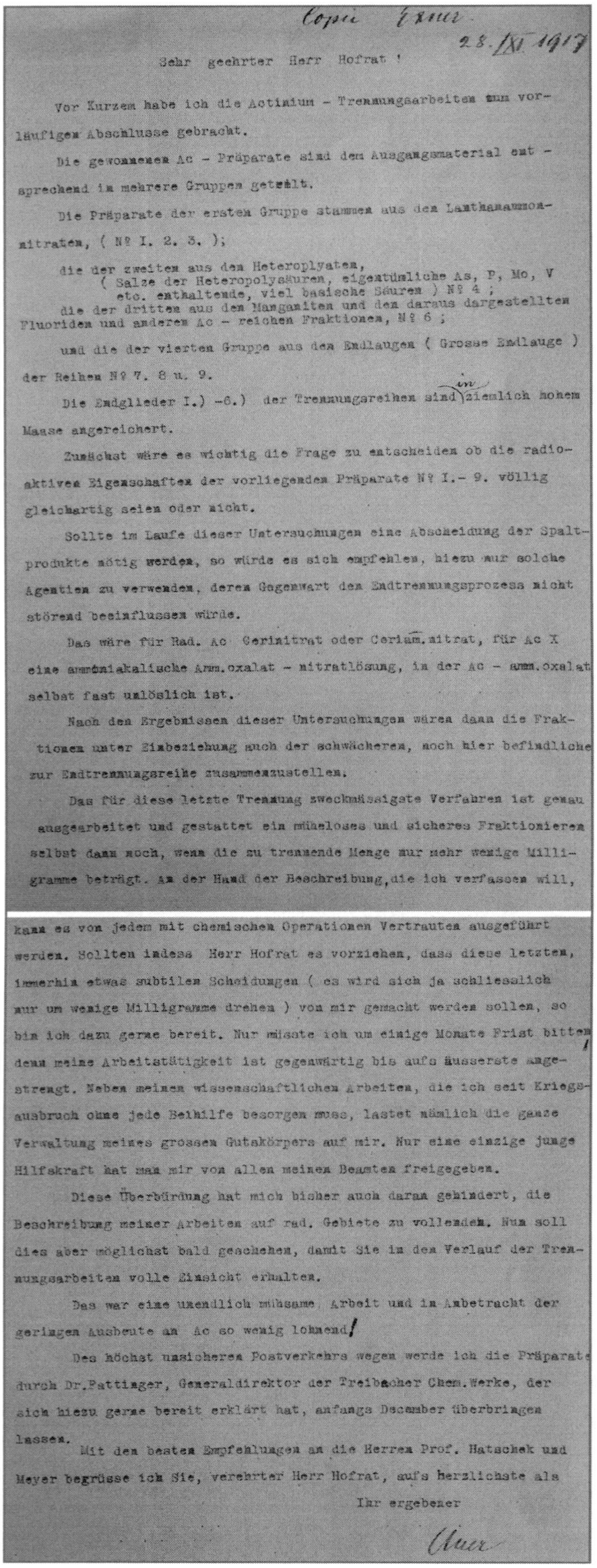

Copie Exner.
28. IX. 1917

Sehr geehrter Herr Hofrat !

Vor Kurzem habe ich die Actinium – Trennungsarbeiten zum vorläufigen Abschlusse gebracht.

Die gewonnenen Ac – Präparate sind dem Ausgangsmaterial entsprechend in mehrere Gruppen geteilt.

Die Präparate der ersten Gruppe stammen aus den Lanthanammonnitraten, (No 1. 2. 3.);

die der zweiten aus den Heteroplyaten, (Salze der Heteropolysäuren, eigentümliche As, P, Mo, V etc. enthaltende, viel basische Säuren) No 4 ;
die der dritten aus den Manganiten und den daraus dargestellten Fluoriden und anderen Ac – reichen Fraktionen, No 6 ;

und die der vierten Gruppe aus den Endlaugen (Grosse Endlauge) der Reihen No 7. 8 u. 9.

Die Endglieder I.) –6.) der Trennungsreihen sind in ziemlich hohem Masse angereichert.

Zunächst wäre es wichtig die Frage zu entscheiden ob die radioaktiven Eigenschaften der vorliegenden Präparate No 1.– 9. völlig gleichartig seien oder nicht.

Sollte im Laufe dieser Untersuchungen eine Abscheidung der Spaltprodukte nötig werden, so würde es sich empfehlen, hiezu nur solche Agentien zu verwenden, deren Gegenwart den Endtrennungsprozess nicht störend beeinflussen würde.

Das wäre für Rad. Ac Cerinitrat oder Ceriamnitrat, für Ac X eine ammoniakalische Amm.oxalat – nitratlösung, in der Ac – amm.oxalat selbst fast unlöslich ist.

Nach den Ergebnissen dieser Untersuchungen wären dann die Fraktionen unter Einbeziehung auch der schwächeren, noch hier befindlichen zur Endtrennungsreihe zusammenzustellen.

Das für diese letzte Trennung zweckmässigste Verfahren ist genau ausgearbeitet und gestattet ein müheloses und sicheres Fraktionieren selbst dann noch, wenn die zu trennende Menge nur mehr wenige Milligramme beträgt. An der Hand der Beschreibung,die ich verfassen will,

kann es von jedem mit chemischen Operationen Vertrauten ausgeführt werden. Sollten indess Herr Hofrat es vorziehen, dass diese letzten, immerhin etwas subtilen Scheidungen (es wird sich ja schliesslich nur um wenige Milligramme drehen) von mir gemacht werden sollen, so bin ich dazu gerne bereit. Nur müsste ich um einige Monate Frist bitten denn meine Arbeitstätigkeit ist gegenwärtig bis aufs äusserste angestrengt. Neben meinen wissenschaftlichen Arbeiten, die ich seit Kriegsausbruch ohne jede Beihilfe besorgen muss, lastet nämlich die ganze Verwaltung meines grossen Gutskörpers auf mir. Nur eine einzige junge Hilfskraft hat man mir von allen meinen Beamten freigegeben.

Diese Überbürdung hat mich bisher auch daran gehindert, die Beschreibung meiner Arbeiten auf rad. Gebiete zu vollenden. Nun soll dies aber möglichst bald geschehen, damit Sie in den Verlauf der Trennungsarbeiten volle Einsicht erhalten.

Das war eine unendlich mühsame Arbeit und in Anbetracht der geringen Ausbeute an Ac so wenig lohnend!

Des höchst unsicheren Postverkehrs wegen werde ich die Präparate durch Dr.Pattinger, Generaldirektor der Treibacher Chem.Werke, der sich hiezu gerne bereit erklärt hat, anfangs December überbringen lassen.
Mit den besten Empfehlungen an die Herren Prof. Hatschek und Meyer begrüsse ich Sie, verehrter Herr Hofrat, aufs herzlichste als

Ihr ergebener

Auer

Abb. 6: „….. Das war eine unendlich mühsame Arbeit und in Anbetracht der geringen Ausbeute an Ac so wenig lohnend !" (Der Massenanteil von Actinium an der Erdhülle beträgt nur 6.10^{-14} %, der von Radium 1.10^{-10} %; aus einer Tonne Uranpechblende wurden nur 0,125 g Radium gewonnen. Die Rückstände der Radiumgewinnung waren die Actiniumquelle.)

Copie.

Liste der Ac – Präparate.

Das beigefügte Datum ist der Darstellungstag.

I) Ac – Hauptreihe d.La – am.nitr.Reihen
Ex I.Fr.d. 42. R.
(innen) Ex 42. R.   23.Feb.I9I7.
La (Ac)$_2$ O $_3$.   0.03 gr

2.) Ac – Hauptreihe der La – am.nitr.Reihen
Ex I.Fr.d..42. R.
(innen) Ex 42.R.   Ca – oxalat   24.Feb.I9I7.

3.) Ac – Hauptreihe der La – Reihen   Ex Endlauge.
(innen) Ac. H.R. d. La – L.
Silicofluorid   27.Mai 1917.

4.) Ex Präp. 7 u.8.   Ac – Reihe. 4.Fr.
(innen) Ex Präp. 7 u. 8.   28. Mai I9I7.
Ac – R. 4. Fr.

5.) Ac – Verarbeitung 4.   3. August I9I7.
Oxalat – Reihe I. Fr. d. 34. Reihe.

6.) Ac I7.
5. Hydratfällung der Mutterlauge d.2.u.3. Reihe.
Dargestellt : 8.Juni 1913.
Geglüht : 22 Juni I9I7.
(innen) Ex Ac I7.
La (Ac)$_2$O$_3$.   (0,05 gr)

7.) Ex grosse Endlauge   22.August I9I7.
(innen) Hydrat ex Oxalat I u.2.
(ex Niederschlag I)

A.

8.) Ex Grosse Endlauge   23. August I9I7.
(innen) Ex Oxalat I u.2.

C.

9.) Ex Grosse Endlauge   I2. September I9I7.
(innen) Ex Lauge vom A, B u.C.
Letzte Manganitfällung.

Abb. 7: Die mühsam gewonnenen Actinium-Präparate für Franz Serafin Exner

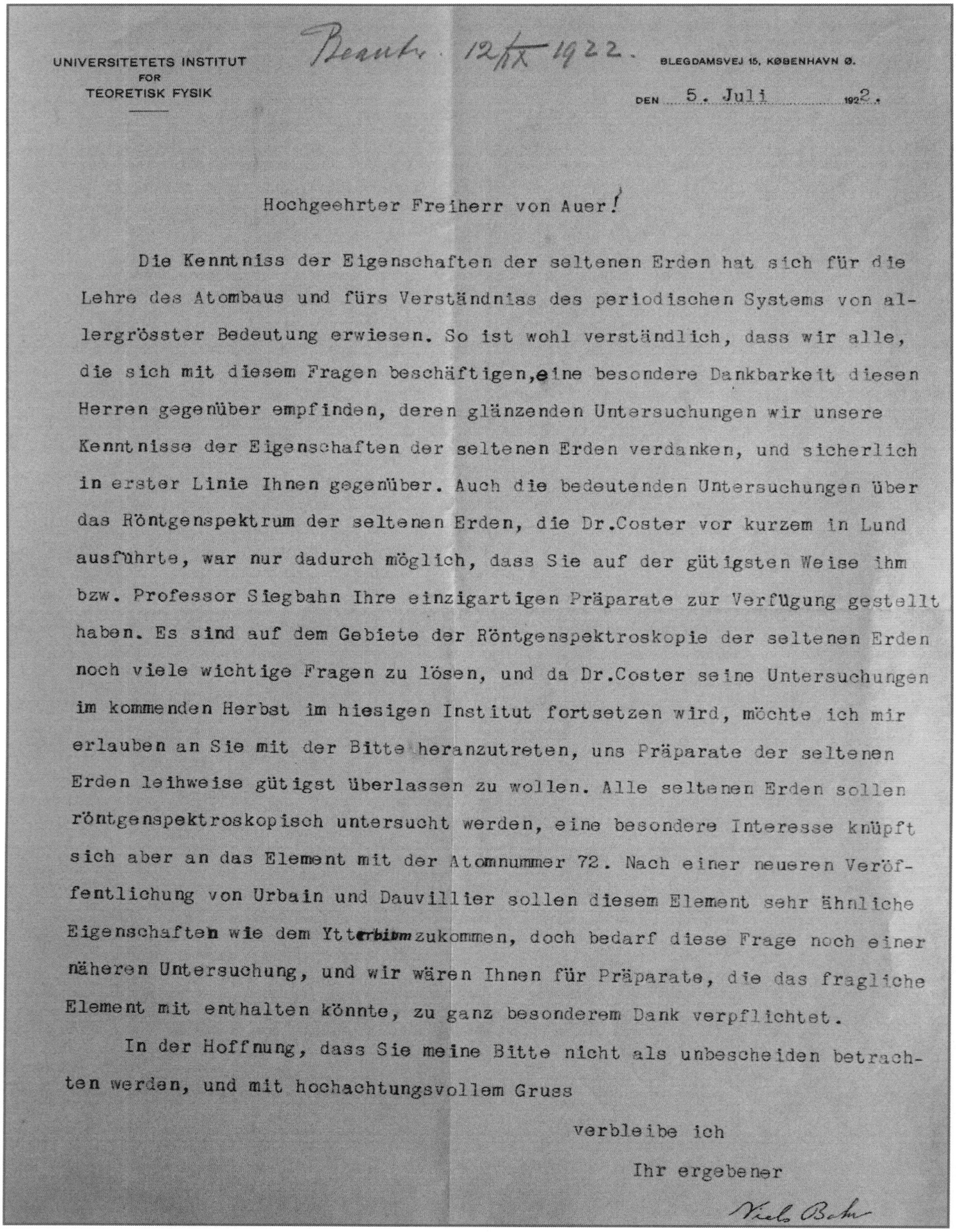

UNIVERSITETETS INSTITUT
FOR
TEORETISK FYSIK

Beantw. 12/IX 1922.

BLEGDAMSVEJ 15, KØBENHAVN Ø.

DEN 5. Juli 1922.

Hochgeehrter Freiherr von Auer!

Die Kenntniss der Eigenschaften der seltenen Erden hat sich für die Lehre des Atombaus und fürs Verständnis des periodischen Systems von allergrösster Bedeutung erwiesen. So ist wohl verständlich, dass wir alle, die sich mit diesem Fragen beschäftigen, eine besondere Dankbarkeit diesen Herren gegenüber empfinden, deren glänzenden Untersuchungen wir unsere Kenntnisse der Eigenschaften der seltenen Erden verdanken, und sicherlich in erster Linie Ihnen gegenüber. Auch die bedeutenden Untersuchungen über das Röntgenspektrum der seltenen Erden, die Dr.Coster vor kurzem in Lund ausführte, war nur dadurch möglich, dass Sie auf der gütigsten Weise ihm bzw. Professor Siegbahn Ihre einzigartigen Präparate zur Verfügung gestellt haben. Es sind auf dem Gebiete der Röntgenspektroskopie der seltenen Erden noch viele wichtige Fragen zu lösen, und da Dr.Coster seine Untersuchungen im kommenden Herbst im hiesigen Institut fortsetzen wird, möchte ich mir erlauben an Sie mit der Bitte heranzutreten, uns Präparate der seltenen Erden leihweise gütigst überlassen zu wollen. Alle seltenen Erden sollen röntgenspektroskopisch untersucht werden, eine besondere Interesse knüpft sich aber an das Element mit der Atomnummer 72. Nach einer neueren Veröffentlichung von Urbain und Dauvillier sollen diesem Element sehr ähnliche Eigenschaften wie dem Ytterbium zukommen, doch bedarf diese Frage noch einer näheren Untersuchung, und wir wären Ihnen für Präparate, die das fragliche Element mit enthalten könnte, zu ganz besonderem Dank verpflichtet.

In der Hoffnung, dass Sie meine Bitte nicht als unbescheiden betrachten werden, und mit hochachtungsvollem Gruss

verbleibe ich

Ihr ergebener

Niels Bohr

Abb. 8: Niels Bohr ersucht um Präparate der Seltenen Erden.

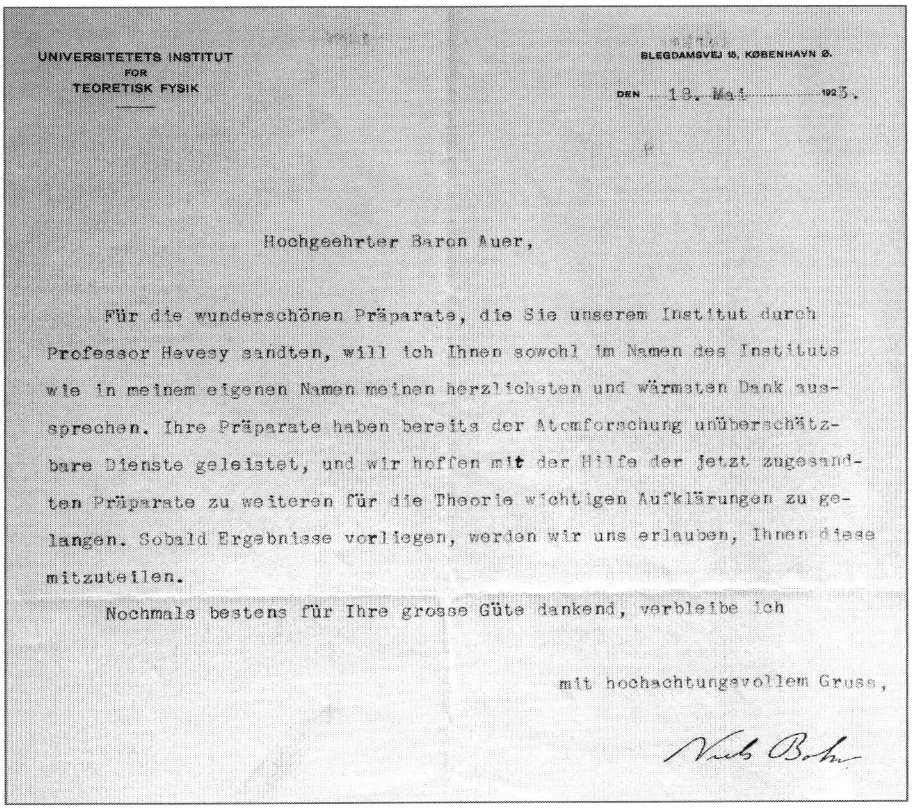

UNIVERSITETETS INSTITUT
FOR
TEORETISK FYSIK

BLEGDAMSVEJ 15, KØBENHAVN Ø.

DEN ....18. Maj............ 1923.

Hochgeehrter Baron Auer,

Für die wunderschönen Präparate, die Sie unserem Institut durch Professor Hevesy sandten, will ich Ihnen sowohl im Namen des Instituts wie in meinem eigenen Namen meinen herzlichsten und wärmsten Dank aussprechen. Ihre Präparate haben bereits der Atomforschung unüberschätzbare Dienste geleistet, und wir hoffen mit der Hilfe der jetzt zugesandten Präparate zu weiteren für die Theorie wichtigen Aufklärungen zu gelangen. Sobald Ergebnisse vorliegen, werden wir uns erlauben, Ihnen diese mitzuteilen.

Nochmals bestens für Ihre grosse Güte dankend, verbleibe ich

mit hochachtungsvollem Gruss,

Niels Bohr

Abb. 9: Dankschreiben von Niels Bohr, Kopenhagen

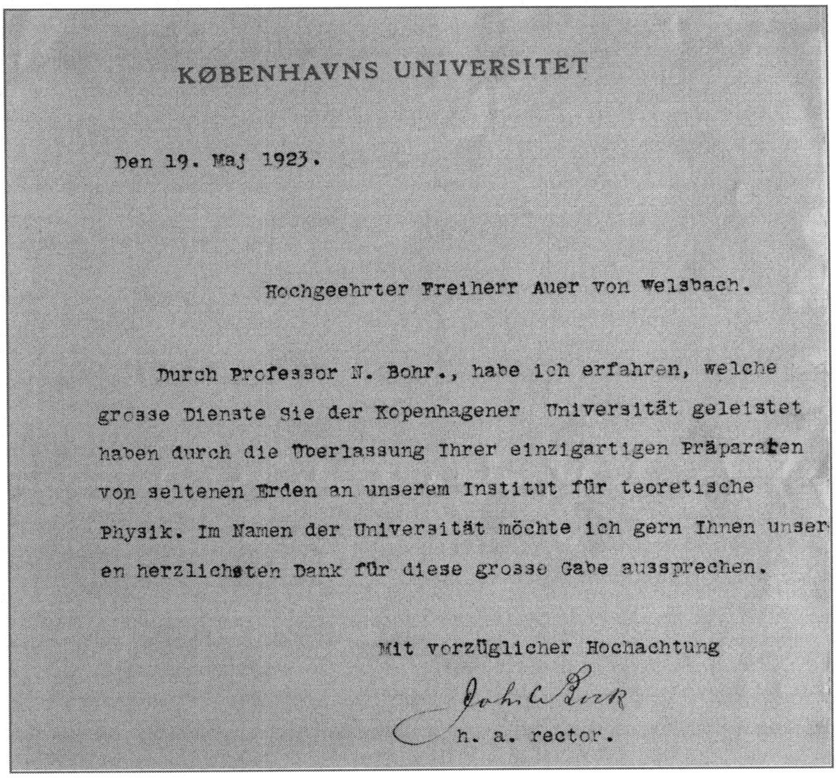

KØBENHAVNS UNIVERSITET

Den 19. Maj 1923.

Hochgeehrter Freiherr Auer von Welsbach.

Durch Professor N. Bohr., habe ich erfahren, welche grosse Dienste Sie der Kopenhagener Universität geleistet haben durch die Überlassung Ihrer einzigartigen Präparaten von seltenen Erden an unserem Institut für teoretische Physik. Im Namen der Universität möchte ich gern Ihnen unseren herzlichsten Dank für diese grosse Gabe aussprechen.

Mit vorzüglicher Hochachtung

Joh. C. Bock
h. a. rector.

Abb. 10: Dankschreiben vom Rektor der Universität Kopenhagen

(Hevesy)   *Copie*   Schloss Welsbach, 14. Juli 1924

Sehr geehrter Herr Prof. v. Hevesy.

In den nächsten Tagen werde ich das gewünschte Cp - Prä =
parat im Wege der Dän. Gesandtschaft an Sie absenden ; ich habe es
einer für Rutherford bestimmten Kollektion beigepackt. Ich bitte
es aus dem Kistchen zu entnehmen und dieses sodann an Rutherford *in Cambridge*
weiter zu senden. Mehrere akute Gichtanfälle, die mich in der letzte
Zeit heimgesucht haben , hindern mich am Arbeiten. Aus diesem Grund
konnte ich auch Jhrem Wunsche nicht früher nachkommen.

Die Cp Probe, die ich Jhnen diesmal sende, stammt aus den
Mittelfraktionen der großen Reihe (in meinen Arbeiten mit Cp III
bezeichnet). Jch halte es für sehr rein, doch ist es bisher einer
bogenspektroskopischen Messung nicht unterworfen worden. Von dem
gleichen Präparate habe ich kürzlich auch an Hönigschmid eine große
Probe (8 gr) leihweise abgegeben, die es zu einer Neubestimmung
des Atomgewichtes verwenden will. Der Befund durch das Röntgenspek=
trum würde mich daher in diesem Falle ganz besonders interessieren.

Abb. 11: Lieferungen an G. de Hevesy, E. Rutherford und O. Hönigschmid.

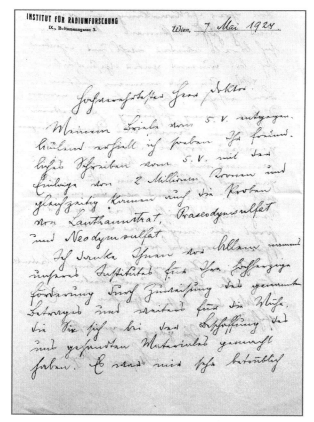

Abb. 12: Dr. Carl Auer von Welsbach, Mitglied der Radiumkommission seit 1901, unterstützte im Jahre 1924 das Radiuminstitut mit 2 Millionen Kronen. Denselben Betrag erhält es in diesem Jahr vom österreichischen Staat zugeteilt.

INSTITUT FÜR RADIUMFORSCHUNG
IX., Boltzmanngasse 3.

Wien, 25. VII. 24
Bad Ischl, O. Oest. Lindaustr. 7.

Sehr verehrter Herr Doktor!

Heute erhielt ich von Prof. Cabrera in Madrid einen Scheck über 300 Pesetas für unser Institut, die wir Ihrer freundlichen Sendung seltener Erden an ihn verdanken.

Nehmen Sie bitte unseren wärmsten Dank für Ihre freundliche Fürsorge entgegen.

Indem ich Sie bei bestem Wohlbefinden hoffe mit herzlichsten Grüßen und besten Empfehlungen

Ihr ganz ergebenster

Stefan Meyer

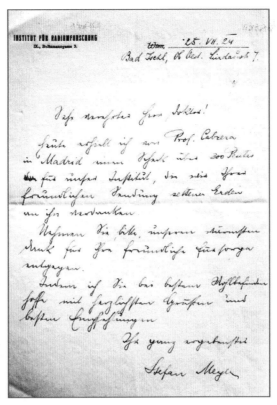

Abb. 13: Prof. Cabrera in Madrid erhält von Auer Präparate und übermittelt als Gegengabe 300 Pesetas dem Radiuminstitut – Stefan Meyer.

PHYSIKALISCHES INSTITUT
DER UNIVERSITÄT BONN
TELEFON No. 446.

Bonn, den 19
NUSSALLEE NO. 6.

zu nennen, den man nicht braucht, etwa 1 Billion, ein Pfund Fleisch 3- 4 Billionen, 1 Schrammerl 90 Milliarden- 150 milliarden, ein einfaches Hotelzimmer 12 Billionen pro Nacht, dazu allgemeine Zustände, die in den Zeitungen nur ungenügend geschildert werden können. Unter diesen Umständen möchte ich glauben, dass die Not, die jetzt schon in vielen Familien der Universitätsdozenten in unglaublicher Weise herrscht, indem die Kinder weder Milch noch Brot erhalten können , keine Heizung da ist usw, es nicht erlaubt, von einem so gütigen und freundlichen Angebot, wie dem Ihrigen abzusehen und unter dem Hinweis auf die bisher gute Lage Kaysers zu danken. Ich möchte vielmehr anregen, dass ,wenn Sie geneigt sind, in diesem kritischen Augenblick nach hier Lebensmittel zu spenden , Sie dies in der Form tun, dass Sie Kayser selbst oder einem seiner hiesigen Freunde, etwa mir gestatten, die Verwendung der Sendungen, die Sie planen nach Bedarf vorzunehmen. In erster Linie würde an Geh. Kayser gedacht werden. Sobald ich den geringsten Eindruck hätte, es

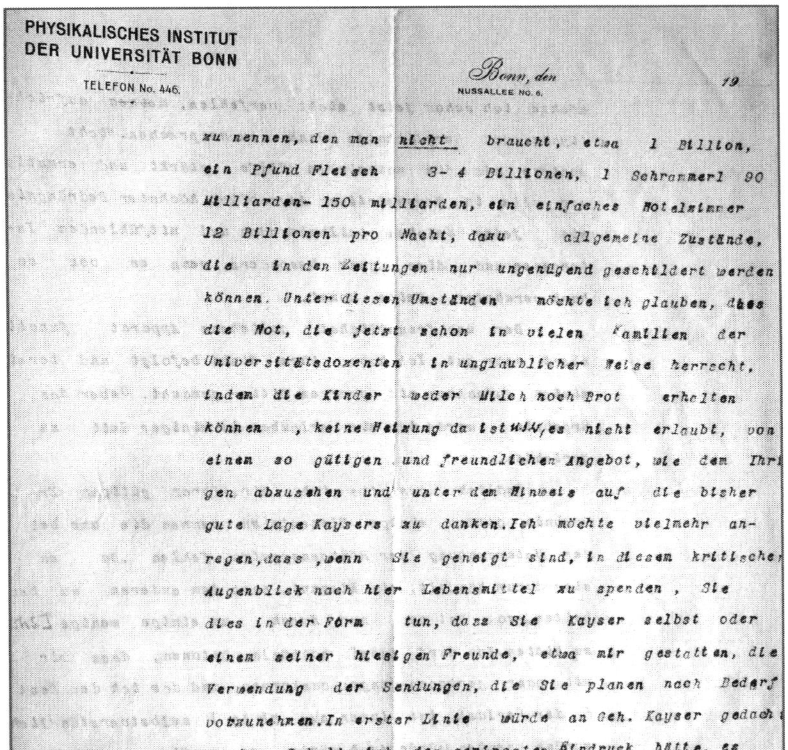

Abb. 14: Von der Universität Bonn wird im Jahre 1924 berichtet: „….. 1 Pfund Fleisch 3 - 4 Billionen Mark …….. Universitätsdozenten können ihren Kindern weder Milch noch Brot kaufen …“ In dieser Inflationszeit haben die Geldzuwendungen keinen Nutzen mehr. Dr. Carl Auer von Welsbach sendet Präparate und wöchentlich Lebensmittelpakete nach Bonn.

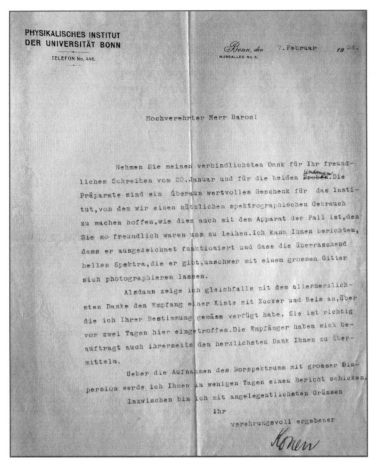

Abb. 15: Konen aus Bonn dankt für zwei Sendungen mit Präparaten und bedankt sich auch für die Lieferung einer Kiste mit Zucker und Reis.

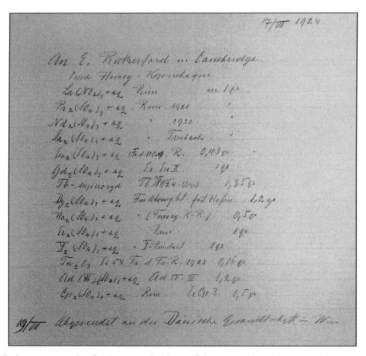

Abb. 16: 1924 erhält Ernest Rutherford in Cambridge auf den Weg über die Dänische Gesandtschaft in Wien durch Botendienst von Georges de Hevesy die erbetenen Präparate.

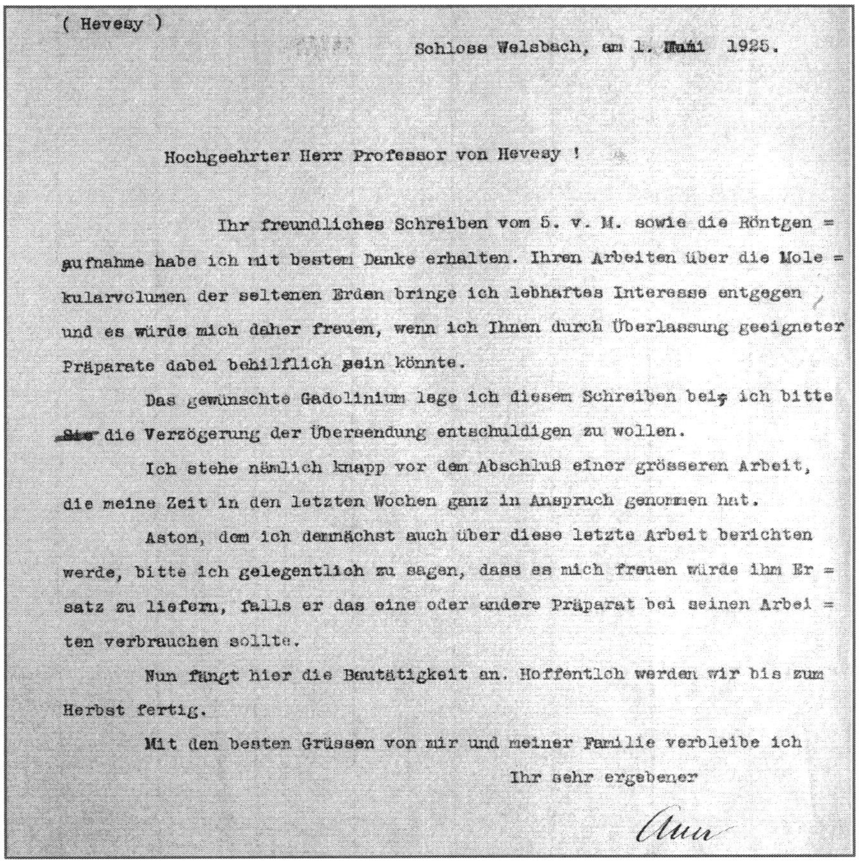

(Hevesy)

Schloss Welsbach, am 1. Mai 1925.

Hochgeehrter Herr Professor von Hevesy !

Ihr freundliches Schreiben vom 5. v. M. sowie die Röntgen = aufnahme habe ich mit bestem Danke erhalten. Ihren Arbeiten über die Mole = kularvolumen der seltenen Erden bringe ich lebhaftes Interesse entgegen und es würde mich daher freuen, wenn ich Ihnen durch Überlassung geeigneter Präparate dabei behilflich sein könnte.

Das gewünschte Gadolinium lege ich diesem Schreiben bei; ich bitte ~~Sie~~ die Verzögerung der Übersendung entschuldigen zu wollen.

Ich stehe nämlich knapp vor dem Abschluß einer grösseren Arbeit, die meine Zeit in den letzten Wochen ganz in Anspruch genommen hat.

Aston, dem ich demnächst auch über diese letzte Arbeit berichten werde, bitte ich gelegentlich zu sagen, dass es mich freuen würde ihm Er = satz zu liefern, falls er das eine oder andere Präparat bei seinen Arbei = ten verbrauchen sollte.

Nun fängt hier die Bautätigkeit an. Hoffentlch werden wir bis zum Herbst fertig.

Mit den besten Grüssen von mir und meiner Familie verbleibe ich

Ihr sehr ergebener

Auer

Abb. 17: Auer bietet Hevesy in Freiburg i. Br. und Aston in Cambridge zusätzlich Präparate an.

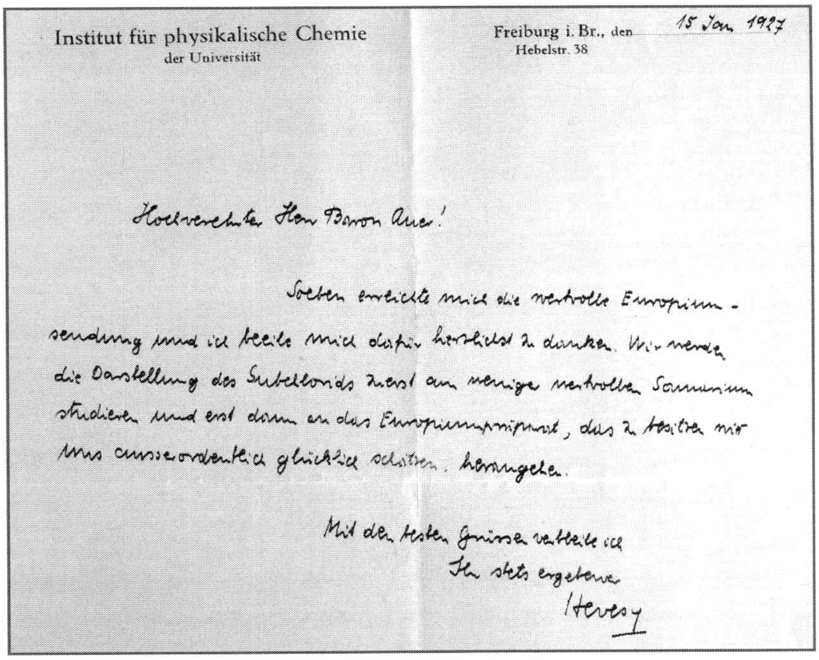

Institut für physikalische Chemie
der Universität

Freiburg i. Br., den 15 Jan. 1927
Hebelstr. 38

Hochverehrter Herr Baron Auer!

Soeben erreichte mich die wertvolle Europium-sendung und ich beeile mich dafür herzlichst zu danken. Wir werden die Darstellung des Subchlorids zuerst am weniger wertvollen Samarium studieren und erst dann an das Europiumpräparat, das zu besitzen wir uns ausserordentlich glücklich schätzen, herangehen.

Mit den besten Grüssen verbleibe ich
Ihr stets ergebener
Hevesy

Abb. 18: Georges de Hevesy bedankt sich für die wertvolle Europium-Sendung.

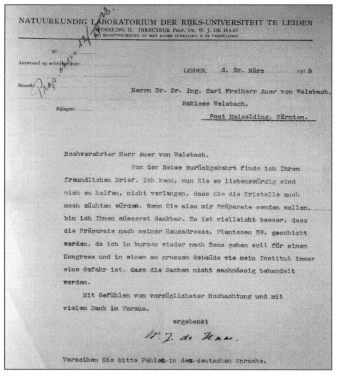

Abb. 19: Wander Johannes de Haas in Leiden dankt für die Zusage von Präparaten.
Es ist ihm jedoch sichtlich unangenehm, dass Auer ihm noch zudem eine Arbeit abnehmen wollte und
daraus auch noch Kristalle züchten wollte.

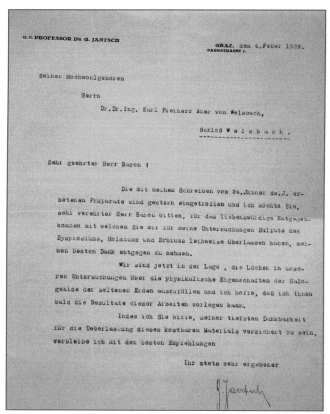

Abb. 20: „… Wir sind jetzt in der Lage, die Lücken in unseren Untersuchungen über die physikalischen Eigenschaften
der Halogenide der Seltenen Erden auszufüllen ……..“ Prof. Dr. G. Jantsch – Graz

St. Veit an der Glan, 6. November. (Ein großmüthiger und hochherziger Kinderfreund) ist Herr Dr. Karl Ritter Auer v. Welsbach, Güterbesitzer 2c. in Rastenfeld. Aus Anlaß des 50jährigen Regierungsjubiläums Sr. Majestät des Kaisers hat Herr Auer v. Welsbach angeboten, sämmtliche arme und würdige Schulkinder des ganzen politischen Bezirkes St. Veit mit Kleidern und Schuhen zu betheilen. Der Bezirk St. Veit hat 67 Schulen und die erhobene Anzahl armer und würdiger Kinder soll über 3200 betragen. Der hochherzige Spender ließ die Schuhe bereits durch die Ortsschulräthe bei den einheimischen Schustern anschaffen, während die Anzüge bis 2. December fix und fertig an die ausgewiesenen armen Kinder zur Vertheilung gelangen werden. Das ist entschieden ein noch nicht dagewesener Act edelster Menschenfreundlichkeit. Wer es selbst erlebt hat, was in der Jugend wirkliche Armut ist, wird die großartige Spende Dr. R. v. Auers verstehen! Was wird es da im ganzen Bezirke St. Veit für eine Freude in allen Schulen geben! Wie werden die armen Geschöpfe, denen es bis jetzt noch nie vergönnt war, eine neue Kleidung zu besitzen, frohlocken und wie wird die kindliche Unschuld ihrem Wohlthäter danken. Dieser Act bleibt besiegelt in der Erinnerung des kommenden Jahrhundertes, so lange der letzte der Betheilten leben wird, ein Act, so hocherhaben, als die Veranlassung desselben ist: Das 50jährige Regierungsjubiläum Sr. Majestät.

Abb. 21: Nicht nur berühmte wie auch einsam forschende Wissenschaftler erfuhren durch Dr. Carl Auer von Welsbach jede Art von Hilfe, sondern auch 3200 armen Schulkindern lies er im Jahre 1898 Winterkleidung und Schuhe zukommen.

1908 wurde die Schule in Meiselding durch Dr. Carl Auer von Welsbach zum 60. Regierungsjubiläum von Kaiser Franz Josef errichtet. Im alten Schulhaus drängten sich zuvor 240 Schüler in drei Klassenräumen.

Dr. Carl Auer von Welsbach schenkte seine ganze Fürsorge nicht nur diesen Menschen, die sich mit ihm in seinem lebenslangen Interesse trafen, nämlich der Erforschung der Materie, sondern auch der heranwachsenden Jugend in seiner Wahlheimat Kärnten, deren Ausbildung ihm sehr am Herzen lag. Seine aristokratische Lebensart legte er gänzlich ab, wenn er mit ununterbrochenem persönlichen Einsatz als ein äußerst eifriger und systemischer Arbeiter diese unschätzbar wertvollen Präparate herstellte und dabei unter völliger Hintanstellung seiner Person vielen Forschern zu höchsten Ehren und Berühmtheit verhelfen konnte.

Noch als Siebzigjähriger schrieb er: „Die Seltenen Erden lassen mich nicht zur Ruhe kommen. Sie haben meine Absicht, meine wissenschaftlichen Arbeiten abzuschließen, gründlich verdorben."

Sein einundsiebzigstes Lebensjahr erreichte Carl Auer von Welsbach nicht mehr und so verließ dieser echte Mentor und wahre Philanthrop am 4. August 1929 unsere materielle Welt, zu deren naturwissenschaftlichem Verständnis er mit Hilfe seiner Schützlinge erheblich beigetragen hat.

Fotos: Roland Adunka
Briefe: Privatbesitz Familie Auer von Welsbach

Roland Adunka ist Leiter des Auer von Welsbach-Museums
9330 Althofen
Burgstraße 8
www.althofen.at/welsbach/htm

Carl Freiherr Auer von Welsbach als Bürger seiner Zeit

HERMANN AUER-WELSBACH

Der Vater, Alois Auer von Welsbach, war in den 50er Jahren des 19.Jahrhunderts Direktor der k.u.k. Staatsdruckerei in Wien und gerade am Höhepunkt seines Wirkens, als am 1. September 1858, als jüngstes von vier Kindern, Carl das Licht der Welt erblickte.

Die frühe Jugend war durch die großherzige Liebe seiner Mutter Therese geprägt, die dem Knaben in Wien eine wunderschöne Jugend schenkte. Sehr oft verbrachte der kleine Carl seine Ferien mit den Geschwistern bei der Großmutter in Wels und bewahrte diese Zeit stets als die schönste seiner Jugend.

Die Volksschule besuchte er in Wien, dann ging er zwei Jahre lang ins Löwenburg`ische Konvikt. Schon in diesem Alter zeigte sich seine große Vorliebe für die Naturwissenschaften Physik, Chemie und vor allem für die Freude am Bau von allerhand Werkzeugen und Apparaten.

Gerade in dieser Zeit, im Jahre 1864, ging sein Vater in den Ruhestand und hatte nun sehr viel Zeit für seinen kleinen Liebling Carl. Sprachen mochte er, im Gegensatz zu seinem Vater, kaum. Alois Auer von Welsbach sprach fließend Englisch, Französisch und Italienisch.

Der Vater verstand es vorzüglich, seinem Sohn, die im Laufe seines arbeitsreichen Lebens gesammelten Erfahrungen, wie Schaffenslust, Tatkraft, Zähigkeit und Ausdauer näher zu bringen. Aber vor allem die unvergleichliche Beobachtungsgabe und die Unerschrockenheit dem Neuen nachzugehen, konnte Alois seinem kleinen Carl sehr gut beibringen.

In dieser Zeit lernte der Jüngling den tieferen Sinn der naturwissenschaftlichen Zusammenhänge, mit all seinen wunderschönen Ereignissen zu beobachten und erkannte sehr schnell die große Bedeutung vieler Abläufe in der Natur.

Solcherart hatte der alte Hofrat Auer von Welsbach in das offene und noch junge Gemüt seines Sohnes viele Samenkörner gelegt, die nun ausreiften, die meisten wohl erst sehr lange Zeit, nachdem der Vater im Jahre 1869 gestorben war.

Von nun an übernahm die Mutter die alleinige Sorge für die Kinder. Mit innigster Liebe und Dankbarkeit hing Carl zeitlebens an ihr.

Nach Abschluss der Realschule maturierte er im Jahre 1877 mit der Note vorzüglich in Chemie, Darstellender Geometrie und Freihandzeichnen.

Anschließend absolvierte er seine Militärspflicht und erreichte den Grad des Leutnant. Von dieser Zeit hat er in späteren Jahren sehr gerne erzählt, doch hat sein Gehör durch das Artillerie-Schießen Schaden genommen und verschlimmerte sich mit dem Alter.

Nun ging Auer an die Universität, um Chemie bei Adolf Lieben zu studieren. Der Ehrgeiz, etwas Besonderes leisten zu können, bestimmte ihn und so zog er nach Heidelberg zu Prof. Bunsen, zum berühmten Lehrer Liebens, und promovierte dort im Jahre 1882.

Auer war immer außerordentlich fleißig und abends immer der letzte im Laboratorium. Bei Ausflügen seiner Kollegen, von denen die meisten aus der österreichischen Monarchie waren, nahm er nicht teil. Während dessen zog er sich lieber an seine Arbeitsstätte zurück und experimentierte im Labor.

Prof. Bunsen hatte mit dem sehr begabten, eher verschlossenen und meistens im abseits haltenden Studenten eine besondere Freude.

Das, was Auer in Heidelberg bei Bunsen lernte, war das Fundament, auf dem er seine weiteren Erfolge aufbaute. Der junge Student hat seinen Lehrer stets bewundert und nach dessen Tod sogar seine Bibliothek erworben.

Bunsen hatte während der Studienzeit Auers diesem eine Assistentenstelle angeboten, doch Auer lehnte ab, da sein Wunsch, nach Wien zurückzugehen und bei seiner geliebten Mutter leben zu dürfen, sehr groß war. Vor allem aber auch der Drang nach Selbständigkeit und Unabhängigkeit bei all seinen Arbeiten bestärkten ihn bei dieser Entscheidung. Zurück in Wien war der junge Wissenschaftler unermüdlich mit der Erforschung der von Prof. Bunsen mitgebrachten Proben der Seltenen Erden beschäftigt.

Auer`s Zeiteinteilung war immer eine ganz eigenartige und wurde es noch mehr, als er seine Versuche mit den ersten Glühkörpern anstellte.

Er kam meistens erst am späten Nachmittag ins Laboratorium und experimentierte dann die ganze Nacht bis in den frühen Morgen. Diese Arbeitseinteilung hat er bis zu seinem Tode bewahrt.

So sehr Auer nun mitten im Leben stand, war er doch durch seine außergewöhnliche Lebensweise ein einsamer Mensch geblieben, der still und in sich gekehrt, stets emsig forschte.

Die anstrengenden Jahre der Arbeit in Wien blieben nicht unbelohnt und so konnte der junge Auer bereits im Jahre 1883 der Akademie der Wissenschaften die Arbeit über die Zerlegung des Didyms vorlegen.

Bald darauf im Jahre 1885 meldete er das erste Gasglühlichtpatent an und leitete in den darauf folgenden Jahren die Renaissance der Gasbeleuchtung ein.

Diese Erfindung brachte Auer von Welsbach über Nacht 1 Million Gulden ein, und weitere Einnahmen aus den Patentrechten ermöglichten es ihm, am Ende des Jahres 1886 ein Haus in der Theresianumgasse 25 zu kaufen. Dort wohnte er mit seiner Mutter im zweiten Stockwerk, während er sich im Nebengebäude ein Laboratorium einrichtete. Von nun an verbrachte er dort sehr viel Zeit mit seinem treuesten Mitarbeiter, dem Assistenten des chemischen Instituts,   Lutwig Haitinger.

In weiteren Jahren wurden 5 Milliarden dieser Glühstrümpfe weltweit verkauft und Auer von Welsbach verdiente so ein stattliches Vermögen.

Der Erfinder war nun 35 Jahre alt geworden. Dieser Lebensabschnitt war für Auer sehr arbeitsreich und hektisch, tägliche Forschungsarbeiten im Laboratorium, die Organisation der ausländischen Gesellschaften und der Abschluss vieler Verträge nahmen ihn zur Gänze in Anspruch.

Gerade in dieser Zeit dachte er sehr viel über den tieferen Sinn des Lebens und die Worte seines weisen Vaters nach, und fasste nun den Entschluss, dass dieses Leben mit einem so hektischen Ablauf nicht das war, was er sich für seine Zukunft erhoffte.

Im Jahre 1893 entschied er sich, nach mehreren Aufenthalten in Kärnten, zum Kauf eines Gutsbesitzes. Der Land- und Forstbetrieb, den die Schauspielerin Maria Geistinger in der Nähe von Treibach-Althofen zum Kauf anbot, faszinierte ihn. Die wunderschöne Villa Marienhof gefiel Auer sehr gut, vor allem der wunderschöne Ausblick auf die tiefer liegenden Täler, mit den markanten Bergen im Süden hatten für ihn einen ganz besonderen Reiz. Als er Maria Geistinger zum ersten Male vor ihrer Villa traf, stand der riesige Magnolienbaum im Park in voller Blüte und begeisterte Auer so sehr, dass er sich spontan zum Kauf entschloss.

Gleich daneben entschied er in den weiteren Jahren sein Laboratorium zu bauen, doch wurden die Pläne bald verworfen und es entstand das Schloss Welsbach. Im Parterre wurde ein großzügiges Laboratorium geschaffen und im ersten Stockwerk eine luxuriöse Wohnung errichtet.

Rund um sein Schloss ließ Auer von Welsbach einen wunderschönen und weit auslaufenden Park, mit einem großen Teich und einem Schwimmbad anlegen.

Er bepflanzte diesen Park, bei 800 m Seehöhe, mit sehr viel Mühe und musste viele Versuche unternehmen, damit sich der Erfolg einstellte. Am meisten zu schaffen machten ihm die Libanon-Zedern, doch er pflegte sie so geduldig, bis auch diese Bäume gediehen.

Vor allem die Ruhe und die Natur rund um seinen Wohnsitz waren nun der Kontrast zum hektischen Leben in der Großstadt und ließen ihn immer wieder zu neuer Energie und neuer Frische zum Denken kommen.

Der Erfinder liebte ja schon seit seiner frühen Jugend die naturwissenschaftlichen Besonderheiten, die ihm sein Vater immer so liebevoll ans Herz gelegte hatte.

Umso mehr war er jetzt mit seinem Garten und Obstanlagen derart verbunden, dass er gewisse Aufgaben, wie das Wein- und vor allem das Rosenschneiden ausschließlich selbst machte und seine Gärtner zum Zuschauen degradierte. Sein ganz besonderer Stolz waren aber auch die Pfirsich- und Traubenanlagen. Er betreute auch diese ganz alleine und schnitt sie mit eigenen Händen.

Seine Söhne hätten ihm bei dieser Arbeit gerne geholfen und sie baten ihn immer wieder, bis sie es versuchen durften. Dann schaute er ihnen mit kritischen Augen zu und kam schnell zur Überzeugung, dass er die Sache besser verstände und machte anschließend wieder alles selber.

Auer entdeckte jetzt auch seine große Vorliebe für die Jagd und die Fischerei. Vor allem die Niederwildjagd bereitete ihm große Freude und er war unter seinen Jägern als vorzüglicher Schrotschütze bekannt. Er hatte neben seinem großen Eigenbesitze noch die umliegenden Gemeindejagdgebiete gepachtet und war so Jagdherr über viele Berge und Täler.

Auer hatte auch mehrere Fischgewässer in der Nähe von Welsbach erworben und fischte dort gerne auf Forellen und Äschen.

Carl Auer von Welsbach hatte sich bis zu diesem Zeitpunkt bereits ein großes Vermögen und noch dazu ein wunderschönes Heim geschaffen.

Jetzt erst hat er, ähnlich seinem Vater, am Höhepunkt seiner Erfolge, geheiratet. Er tat auch dies ganz in einer eigenwilligen, von der geselligen Welt abgewandten Art.

Mitten im Winter ließ sich das Paar auf Helgoland trauen, nur die Trauzeugen waren mit dabei.

Auer's Gemahlin Maria ist ihrem Manne eine treue Gefährtin geworden, die ihr Leben auf das arbeitsreiche Dasein ihres Gatten einstellte. Dieser Ehe entstammten drei Söhne und eine Tochter, Carl, Herbert, Hermann und Hilde. Im Kreise seiner geliebten Familie war Auer nur sehr wenig mitteilsam. Er musste schon in ganz besonders guter Laune sein, um einmal Geschichten aus seinem Leben zu erzählen.

Der Tagesablauf war ebenfalls recht sonderbar. Es wurde erst gegen 10 Uhr gefrühstückt, gegen 14 Uhr zu Mittag gegessen und es gab erst gegen 21 Uhr das Abendbrot. Auer sprach bei Tische stets sehr wenig und es galt als ungeschriebenes Gesetz, dass alle Anwesenden schwiegen und ihm zuhörten. Sprach jemand weiter, dann brach er sofort seine Rede ab.

Auer von Welsbach hatte neben seinem arbeitsreichen Leben aber auch noch andere Vorlieben:

Das Fahren mit dem Automobil begeisterte ihn vom Zeitpunkt der Entwicklung des ersten am Markt erhältlichen Kraftwagens.

Jeden Tag wurde nach Klagenfurt gefahren, und Auer saß mit der Stoppuhr hinter dem Chauffeur und rügte diesen, falls er nicht in der vorgesehenen Zeit am Ziel ankam.

Es wurden aber auch an Wochenenden sehr schöne Ausfahrten mit der gesamten Familie in der näheren Umgebung unternommen.

Aber auch die Fotografie und da vor allem für die Farbfotografie interessierte Auer von Welsbach schon sehr früh. Im Jahre 1910 machte er das erste bekannte Farbpapierbild. Zu dieser Zeit war Auer der bedeutendste Fotograf in Sachen Mikro- und Makro, Spektral- und Stereofotografie. Mit einem speziellen Apparat konnte man diese Bilder dreidimensional betrachten.

Auer's Lieblingsmotive waren aber seine Familie und sein wunderschöner Park mit den blühenden Pflanzen.

Auer von Welsbach war bei seiner Arbeit ein sehr zurückgezogener Mensch, doch das Wohl der Allgemeinheit lag ihm immer sehr am Herzen.

Im Jahre 1908 spendete er seiner Wohngemeinde eine Volksschule, das damals modernste Schulhaus in der Monarchie. Er wurde zum großen Wohltäter seiner Gemeinde, ja des ganzen Landes und war vor allem um das Wohl der heranwachsenden Jugend sehr besorgt, deren Schicksal ihm besonders in den Nachkriegsjahren am Herzen lag.

Dem Bürgermeister von Klagenfurt sagte er einmal, dass es die Erwachsenen schließlich leichter ertragen könnten, wenn es ihnen einmal schlecht gehe, für die Kinder müsse aber unter allen Umständen gesorgt werden. So organisierte er damals eine großzügige Milchbeschaffungsaktion für die Stadt Klagenfurt.

Weiters spendete er hohe Summen für Schulen, Kindervereine und Kinderspitäler.

Am 17. November 1919 verkaufte er sein noch vor dem Kriege erworbenes Palais in der Wiedner Hauptstraße und verwendete den Erlös von 1,4 Millionen Kronen fast zur Gänze für wohltätige Zwecke.

Es war kennzeichnend für seinen Charakter, dass er bei der Ausübung seiner Wohltätigkeit wenn möglich unbekannt bleiben wollte.

Als er einmal eine ansehnliche Summe spendete und man ihm mitteilte, dass der Akt durch die Kabinettskanzlei des Kaisers gehen müsse, stellte er sofort die Bedingung, dass sein Name nicht genannt und als Spender nur „Ein Kärntner" angegeben werden dürfe.

Bald nach Kriegsende ließ er auch, obwohl er fast sein ganzes Barvermögen mit Kriegsanleihen eingebüßt hatte, einer Anzahl von Krankenhäusern den Betrag von 500.000,- Kronen zur Anschaffung von Röntgenapparaten zukommen. Auch diese Spenden wurden unter der Bezeichnung „Von einem Unbekannten" getätigt.

Am 1. September 1928 feierte Dr. Carl Auer von Welsbach seinen 70. Geburtstag auf seinem Schloss in Welsbach.

Sein durch Fleiß geprägtes, arbeitsreiches Leben hätte ihm nun Ruhe gegönnt, doch vom unaufhaltsamen Drang zu forschen beflügelt, verbrachte Auer auch weiterhin jeden Tag viele Stunden, bis spät in die Nacht hinein, im Laboratorium seines Schlosses.

Seit dem Jahre 1900 beschäftigten ihn vor allem die radioaktiven Substanzen und er war jetzt drauf und dran, eine weitere große Sensation zu enthüllen.

Am Freitag, den 2. August 1929, bei einer Ausfahrt mit dem Auto, wurde dem Erfinder schlecht und er verspürte große Schmerzen in der Magengegend. Die Untersuchungen der herbei gerufenen Ärzte am folgenden Tag waren sehr unangenehm, und es wurde die Schwere seiner Krankheit erkannt. Man wollte ihn in ein Krankenhaus bringen, um eine Durchleuchtung vornehmen zu können, doch Auer lehnte ab.

Obwohl es ihm immer ein großes Anliegen war, die Medizin und die Krankenhäuser mittels großzügiger Spenden zu unterstützen, hatte er sich sein ganzes Leben nie von Ärzten untersuchen und behandeln lassen.

Am Samstag den 3. August stand er noch einmal von seinem Krankenbett auf, um durch seinen geliebten Garten zu gehen und blickte dort sehr lange umher.

Danach ging er in sein Arbeitszimmer, wo er eine längere Zeit bei seinen in Arbeit befindlichen Thuliumreihen und vor dem Bild seines Vaters verweilte. Kurz danach verbrannte er mehrere Unterlagen zu seiner letzten großen Forschung im Kamin.

Auer von Welsbach zog sich anschließend zurück und legte sich ruhig hin. Zwölf Stunden später, am frühen Morgen des Sonntags, war er sanft für immer eingeschlafen.

Der Leichnam Auer von Welsbach's wurde am 6. August auf Schloss Welsbach eingesegnet und hierauf nach Wien überführt, wo einen Tag später die Beisetzung in der Familiengruft am Hietzinger Friedhof stattfand.

Carl Auer von Welsbach als Firmengründer

ALEXANDER BOUVIER

Wir ehren heute mit Carl Auer von Welsbach nicht nur einen herausragenden Forscher, sondern eine ganz große österreichische Unternehmerpersönlichkeit. Eine Persönlichkeit, der es auch gelungen ist, seine Entwicklungen in Wertschöpfung umzuwandeln und auf die etliche erfolgreiche Firmengründungen zurückgehen. Firmen, die auch heute noch durchaus in ihren Geschäftsfeldern zu wichtigen Spielern am Weltmarkt zu zählen sind.

Ich bitte schon jetzt um Verständnis, wenn meine Ausführungen im weiteren Verlauf ziemlich Treibach-lastig sein werden. Ich möchte aber am Beispiel der Entwicklung dieses Unternehmens zeigen, dass der Lebenszyklus von Produkten durchaus länger als ein Menschenleben sein kann.

Mein Vorredner hat Carl Auer von Welsbach als großen Erfinder gewürdigt und die technischen Errungenschaften präsentiert, die letztendlich die Basis für die Gründungen seiner Firmen waren.

Begonnen hat alles 1885 mit der Erfindung des Glühstrumpfes. Auer imprägnierte Baumwollgewebe zuerst mit Seltenerdnitraten, vorzugsweise Lanthan (Beim ersten Verglühen des Gewebestoffs verblieb ein Ascheskelett, welches einen Lichteffekt auslöste). Nachdem er den Glühkörper verbessert und patentiert hatte („Actinophor"; 60 % Magnesiumoxid, 20 % Lanthanoxid, 20 % Yttriumoxid) *kaufte er 1887 die Firma Würth&Co in Wien-Atzgersdorf* (Abb. 1).

Er startete dort die industrielle Fertigung der Glühstrümpfe und begründete damit auch die industrielle Verwendung der Seltenerd-Verbindungen.

Abb. 1

Allerdings gab es Rückschläge, wegen geringer Haltbarkeit der Glühstrümpfe, des kalten, grünlichen Lichtes und des hohen Preises, und so musste er die Fabrik bereits 1889 wieder schließen. Er ließ sich aber nicht entmutigen und *entwickelte den Glühkörper weiter*, wechselte zu einer Mischung aus *99 % Thoriumoxid und 1 % Ceroxid*. (Das Thoriumoxid gewann er aus dem reichlich vorkommenden Monazit sowie durch fraktionierte Kristallisation das Ceroxid).

Dieser neue *Auerstrumpf* ergab ein helles, weißes Licht und war allen damals bekannten Lichtquellen an Helligkeit und Betriebskosten klar überlegen. Im Jahre 1891 nahm die Fabrik in Atzgersdorf die Produktion wieder auf. Das Auerlicht trat von hier aus seinen Siegeszug um die Welt an und die Strassen vieler Metropolen konnten mit seiner Hilfe hell erstrahlen.

Auer hatte in der Zwischenzeit die *Österreichische Gasglühlicht Aktiengesellschaft* gegründet, der er als Präsident vorstand und die **1893** auch die Wiener Fabriken übernahm. Diese Gesellschaft war auch die Mutter der nun weltweit gegründeten Tochtergesellschaften.

1892 wurde die *Deutsche Gasglühlichtgesellschaft*, die *DEGEA* (Abb. 2), die spätere *Auergesellschaft in Berlin* gegründet (Abb. 3).

Abb. 2

Abb. 3

WORKS. WANDSWORTH. LONDON

Abb. 4

HEAD OFFICES AND SHOWROOMS

Abb. 5

WELSBACH HOUSE, KING'S CROSS, LONDON, W. C. I.

Diese hatte die Pflicht, das Imprägnierungsmaterial, dessen Zusammensetzung Fabrikationsgeheimnis der Österreichischen Gasglühlicht Gesellschaft war, von dieser zu einem vertragsmäßig festgesetzten Preis zu kaufen. Übrigens bilanzierte das Unternehmen bereits im ersten Jahr positiv (3 Mio. Mark).

Ab 1901 folgten weitere *Gründungen in England, Frankreich, Belgien, Holland und in den USA* (Abb. 4 und 5).

1898 erhielt Carl Auer v. Welsbach ein Patent auf die *Metallfadenlampe*, und 1902 kam es zur Markteinführung der ersten nach dem *Pasteverfahren* industriell gefertigten *Osmiumlampen* unter der Bezeichnung „*Auer-Oslicht*" (Abb. 6).

Indem er alle verfügbaren Osmium-Vorräte aufkaufte, passierte Auer sein eigentlich *einziger strategischer und unternehmerischer Lapsus.* Zwischenzeitlich fand man nämlich heraus, dass *Wolfram* mit 3400°C einen deutlich höheren Schmelzpunkt besitzt und daher setzte sich eben langfristig dieses Metall als Werkstoff für den Glühfaden durch. Auer trug dieser Entwicklung aber Rechnung, indem er den *Phantasienamen „OSRAM"* kreierte und damit wieder den *Grundstein für über 100 Jahre Industriegeschichte* legte.

1906 meldete die Deutsche Gasglühlichtgesellschaft das *Warenzeichen* OSRAM in Berlin an und errichtete in den Jahren 1906 bis 1912 in Berlin ein *Glühlampenwerk*, zu welchem auch Berlins *erstes Hochhaus*, ein 11 stöckiges Gebäude, gehörte (Abb. 7).

1919 entstand die *OSRAM Werke GmbH KG*, der 1920 *Siemens&Halske* und *AEG* als Gesellschafter beitraten. Heute ist OSRAM bekanntlich einer der *drei führenden Leuchtmittelhersteller* und ein *Weltkonzern*, der im

Abb. 6

Abb. 7

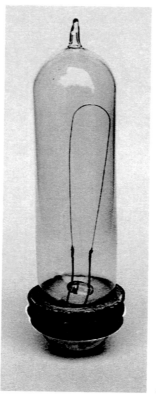

Abb. 8

Geschäftsjahr 2006/07 mit *38000 Beschäftigten in 49 Werken einen Umsatz von 4,7 Milliarden Euro* erwirtschaftete.

Auch die *Auergesellschaft* existiert heute noch sehr erfolgreich und hat sich nach 1920 einen *exzellenten Ruf* als Hersteller von *Atemschutzgeräten für Industrie, Bergbau und Feuerwehren* erworben. Sie gehört als *MSA Auer GmbH.* zum amerikanischen MSA (Mine Safety Appliances) Konzern (Abb. 8).

Traditionellerweise werden im Werk Berlin auch heute noch Gasglühstrümpfe erzeugt.

Nun möchte ich zum zweiten Teil meiner Ausführungen überleiten und mich der Gründung und der Geschichte der Treibacher Chemischen Werke zuwenden.

Auer hatte sich mittlerweile mit den *Gewinnausschüttungen* aus seinen Unternehmen ein *ansehnliches Vermögen* erworben. Wie auch heute noch viele österreichische und ausländische Industrielle und Wirtschaftsführer verbrachte auch Auer seinen Urlaub in Kärnten. Und weil es ihm hier offensichtlich gefiel, erwarb er 1893 *von Marie Geistinger ihren Besitz in Meiselding und die Burg Rastenfeld.*

Fast zeitgleich war die Jahrhunderte lange *Tradition der Eisenerzeugung in dieser Gegend zu Ende* gegangen und die Eisenhütte Treibach fiel der Rezession und damaligen Wirtschaftskrise zum Opfer. So wurde Auer zum „*Retter in der Not*" als er 1897 das Werk und den Forstbesitz von 4400 Hektar erwarb (Abb. 9).

1898 errichtete er sodann auf dem Gelände des früheren Eisenwerkes unter Benutzung der vorhandenen Werksbauten, durch den Ausbau des Kraftwerkes und den Bau eines chemischen Laboratoriums einen chemischen Forschungs- und Versuchsbetrieb, den er *Dr. Carl Auer von Welsbach'sches Werk Treibach* nannte (Abb. 10).

Abb. 9

Abb. 10

Hier wollte er seine *wissenschaftlichen Arbeiten* in weit größerem Maßstab weiterführen und auch seine Erfindungen ausbauen und verwerten und hier widmete er sich der Produktion von Osmium-Glühfäden, um damit die Glühlampenfirmen zu beliefern, sowie der Erforschung seiner alten Liebe, der „*Seltenen Erden*".

Der Verkauf der Schutzrechte der in Treibach entwickelten *Osmiumlampe* und damit der Wegfall der Möglichkeit, hier eine große Glühlampenindustrie aufzubauen, ließ Auer nach neuen Aufgaben suchen. Für die Gasglühlichtfabrikation benötigte man bekanntlich *Thorium*, welches in sogenannten *Monazitsanden* in beträchtlicher Konzentration vorkam. Monazit ist aber eigentlich ein Seltenerdphosphat mit einer Erdverteilung von ca. 50 % Cer, 25–30 % Lanthan, 15–20 % Neodym und Rest Praseodym. Bei der Gewinnung des Thoriums verblieben große Mengen an *Seltenerdsulfaten*, die man auf Deponien verhaldete.

Auer entwickelte ein *Verfahren zur Gewinnung von Cerchlorid*, welches er dann elektrochemisch mittels *Schmelzflußelektrolyse zu Cermetall* weiterverarbeitete. Wenn man dieses *Cermetall mit Eisen legierte*, entstand eine pyrophore Legierung, das sogenannte „AUERMETALL", das er 1903 zum *Patent* anmeldete. 1907 wandelte Auer sein Auer von Welsbach'sches Werk Treibach in die *Treibacher Chemischen Werke GmbH.* um, die Mutter der heutigen Treibacher Industrie AG (Abb. 11).

Und ich möchte Ihnen nun anhand von Bildern und Vergleichen zeigen, wie sich *das Unternehmen einst präsentierte und heute darstellt.*

Abb. 11

Abb. 12

Im Wesentlichen sind es drei Faktoren, die die *Treibacher Industrie AG* mit diesem großen Forscher, Erfinder und Unternehmer verbinden:

Erstens die Produkte: Im Laufe der vergangenen 100 Jahre wurden in Treibach viele Produktionen aufgenommen und auch einige wieder eingestellt.

Ich möchte mich hier auf jene, von Carl Auer getätigten Entwicklungen konzentrieren, die *heute noch am Standort in gleicher oder ähnlicher Form* gefertigt werden.

Die *Pulvermetallurgie hochschmelzender Stoffe*, die mit der Erfindung des Osmiummetallfadens begonnen wurde (Abb. 12), lebt heute in der *Wasserstoffreduktion von Wolframoxid zu Wolframmetallpulver* weiter. Die Herstellung von speziellen *Carbiden und Nitriden* des Wolframs und anderer Refraktärmetalle zählt heute zu den Kernkompetenzen des Unternehmens.

Dann natürlich das große Gebiet der *Seltenerd-Elemente*: Auer ging dazu über, nicht mehr nur reines Cer zu *elektrolysieren*, sondern die *Mischung der Seltenen Erden*, wie sie in der natürlichen Verteilung im Monazit vorlag. Dieses Gemisch der Ceritmetalle wurde dann unter dem Begriff *Mischmetall* allgemein bekannt. Treibacher war bis 1990 mit *bis zu 600 t* Jahresproduktion der *weltweit größte Produzent* an Mischmetall, bis dann die Produktion stillgelegt werden mußte, da man im Westen kostenmäßig mit China nicht mehr konkurrieren konnte.

Heute sind wir weltweit der größte Händler von Mischmetall vorzugsweise für die Stahl- und Gießereiindustrie.

Als er das Mischmetall mit Eisen legierte, erhielt Auer eine pyrophore Legierung, das AUERMETALL (Abb. 13).

Abb. 13

Abb. 14

Von Treibach aus begann auch 1908 das daraus entwickelte Produkt, *der Zündstein, seinen Siegeszug um die Welt*, und obwohl man immer versuchte, das Patent zu umgehen, ist die Zusammensetzung bis heute eigentlich unverändert geblieben. Anfangs wurden die Zündsteine aus Blöcken herausgeschnitten, später die Legierung in Röhrchen gegossen und heute erfolgt die Herstellung des Zündsteines wesentlich kostengünstiger durch Strangpressen der Cereisen-Legierung.

Viele Jahre stellte man in Treibach und Seebach auch *Feuerzeuge* her. Der Vertrieb der Zündsteine und der Feuerzeuge erfolgte über *Zweigniederlassungen nicht zuletzt auch in den USA*.

1908 wurden *800 kg* Zündsteine zu astronomischen Preisen verkauft, im Spitzenjahr 1991 waren es *mehrere hundert Tonnen* und heute produzieren wir trotz Dominanz chinesischer Produzenten als einziger verbliebener, westlicher Produzent neben BIC ca. 1 Milliarde Zündsteine jährlich. Jeder dieser Steine muss auf korrekte Länge und Durchmesser kontrolliert werden, um in ein Feuerzeug zu passen.

Früher erfolgte diese Kontrolle *manuell durch ca. 400 Mitarbeiterinnen* (Abb. 14).

Heute erfolgt dies automatisch mit selbst entwickelten Sortiermaschinen (Abb. 15).

Aber nicht nur die Seltenerdmetallurgie, sondern auch die Seltenerdchemie gehörte zu Auers Betätigungsfeldern. Die Trennung des *Neodyms* und *Praseodyms* sowie des *Aldebaraniums* und *Cassiopeiums*, heute bekannt als *Ytterbium* und *Lutetium*, mit Hilfe der *fraktionierten Kristallisation* war die Basis für die viele Jahre in Treibach durchgeführte Trennung der Seltenen Erden zuerst mit fraktionierter Kristallisation (Abb. 16) und dann mit Hilfe der *Flüssig-Flüssig Extraktion* (Abb. 17).

Abb. 15

Heute dominiert China diese Trennoperationen, und die Treibacher Industrie AG konzentriert sich auf die Weiterverarbeitung der reinen Seltenerdverbindungen zu speziellen Vorprodukten z. B. für die Katalysatorindustrie, die Hochleistungskeramik, die Glasindustrie und die Pharmazie.

Der *dritte Bereich*, der auf die Entwicklungen Carl Auers v. Welsbach zurückgeht, sind die *Ferrolegierungen*. Anfang 1915 im Weltkrieg wollte die Firma *Gebrüder Böhler&Co AG* Ferrolegierungen in Österreich erzeugen lassen, da man vom Weltmarkt abgesperrt war. Treibacher konnte zeigen, dass man hier schon ein Verfahren zur *Herstellung von Ferromolybdän* (Abb 18) ausgearbeitet hatte, und so wurde das Werk beauftragt, die Produktion dieser Legierungen aufzunehmen. Nach dem Krieg kam die *elektrometallurgische Herstellung von Ferrowolfram* hinzu.

Abb. 16

1927 wurde dann in Seebach bei Villach, dem zweiten Standort des Unternehmens, eine *Elektrohütte* in Betrieb genommen, in der nun neben den bereits genannten Ferrolegierungen auch *Ferrochrom* und vor allem *Ferrovanadium aluminothermisch* erzeugt wurden. Später wurden diese Produktionen wieder nach Treibach verlagert und sind bis heute der *Hauptumsatz- und Ergebnisträger* des Unternehmens. Waren es in den Anfangsjahren nur wenige Tonnen an Ferrolegierungen, so produziert das Unternehmen *heute etliche tausend Tonnen jährlich* (Abb. 19).

Den für die Herstellung der Seltenerdmetalle bzw. den Betrieb der Schmelzflusselektrolyse und auch für die Herstellung der Ferrolegierungen *notwendigen Strom* gewann Auer aus vier von ihm errichteten Kraftwerken (Abb. 20).

Alle Kraftwerke sind *bis heute in Betrieb*. Allerdings ist die Leistung des im Werk Treibach errichteten Kraftwerkes (Abb. 21) nicht einmal mehr ausreichend, um im Falle eines *Stromausfalls* den nötigen Notstrom zu liefern.

Im *Sterbejahr Auer's 1929* erfolgte dann die *Umwandlung der Treibacher Chemische Werke GmbH in eine Aktiengesellschaft* (Abb. 22), die damals zu zwei Dritteln im Eigentum der Familie Welsbach stand. Ein Drittel gehörte Auer's langjährigem Generaldirektor Franz Fattinger. Nach vielen Eigentümerwechseln von Banken über Industrieunternehmen und ausländischen Privatpersonen ist das Unternehmen heute als Treibacher Industrie AG wieder *vollständig in österreichischem Privatbesitz* (Abb. 23).

Gegen Ende meiner Ausführungen möchte ich aber noch die beiden anderen Faktoren erwähnen, die das heutige Unternehmen mit dem Firmengründer verbinden. Einmal die *soziale Verantwortung*, denn das Unternehmen war und ist seit 110 Jahren der *Leitbetrieb der Region und einer der größten Arbeitgeber Kärntens*. Obwohl mir keine genauen Zahlen bekannt sind, waren es wahrscheinlich weit über 1000 Menschen, denen Auer v. Welsbach *im*

Abb. 17

Abb. 18

Abb. 19

Abb. 20

Abb. 21

Abb. 22

Abb. 23

Abb. 24

Abb. 25

Abb. 26

Unternehmen und seiner großen Landwirtschaft Arbeit und Einkommen gab. Heute beschäftigt das Unternehmen, welches einen Jahresumsatz von ca. 500 Millionen Euro erwirtschaftet, *670 Mitarbeiterinnen und Mitarbeiter* und sichert *indirekt nochmals etwa die gleiche Anzahl an Arbeitsplätzen* bei lokalen Handwerksbetrieben und Zulieferfirmen. Auer *finanzierte Schulen und unterstützte Kinder und Bedürftige.* Auch wir engagieren uns sozial, und es ist uns insbesondere die *Ausbildung der Jugend ein großes Anliegen.* Einerseits betreiben wir Lehrwerkstätten und bilden hier Lehrlinge nicht nur für unser Unternehmen aus, andererseits versuchen wir bei Schülern ab dem Volksschulalter durch Initiierung und Unterstützung diverser Aktivitäten das *Interesse für Chemie und Technik* zu wecken.

Als dritten und vielleicht den wichtigsten Faktor möchte ich Forschung und Entwicklung nennen.

Carl Auer v. Welsbach war Zeit seines Lebens ein Forscher und der inneren Überzeugung, dass *Forschung die Basis für die erfolgreiche Zukunft eines Unternehmens ist.* Sein Team bestand zwar nur aus ihm und einem Mitarbeiter, aber er nannte, wie sie an diesem Bild sehen können, das *mit 1200 m² Fläche größte Forschungsgebäude der Monarchie* (Abb. 24), übrigens den heutigen Zündsteinbetrieb, sein eigen.

In diesem Betrieb lagerte auch lange Zeit in Kisten verpackt, die Bunsenbibliothek, welche heute ihren Platz im Auer-von-Welsbach Museum in Althofen gefunden hat.

Von unseren 670 Mitarbeiterinnen und Mitarbeitern sind *50 in Forschung und Entwicklung* beschäftigt und wir investieren *jährlich mehrere Millionen Euro in FuE* (Abb. 25).

Abb. 27

Die Arbeitsbedingungen haben sich natürlich auch geändert (Abb. 26) und wir verfügen über *modernest ein-gerichtete Labors und Technika* (Abb. 27).

In unserem Leitspruch „Innovation ist unsere Tradition" lebt der Geist dieses großen österreichischen Erfinders und Unternehmers in der Treibacher Industrie AG weiter.

Plus Lucis

KURT KOMAREK

Wenn man in Wien die Währingerstraße stadtauswärts geht (so wie ich 1944 als beginnender Student der Chemie), trifft man auf einen grauen, etwa triangulären Gebäudeblock, der – grosso modo – die chemischen, mathematischen und physikalischen Institute (in alphabetischer Reihung) der Universität Wien beherbergt. Vor dem Eingang Währingerstraße 38 steht ein einfaches Denkmal – ein Vierkant mit einem streng geprägten, stilisierten Männerantlitz und darüber die Worte „Plus Lucis" – „Mehr Licht".

Nun, das Denkmal, vor dem wir jetzt virtuell stehen und das am 7.11.1935 in Anwesenheit der Großfamilie des Gelehrten eingeweiht wurde, ist Carl Auer von Welsbach, dem bedeutendsten Chemiker Österreichs gewidmet. Für ihn gab es keine Trennung, keinen Unterschied zwischen Grundlagen – *curiosity driven* – und angewandter – *applied* –, industriell umsetzbarer Forschung. Er hat nicht nur auf all diesen Gebieten Großes geleistet, sondern auch als erfolgreicher Unternehmer die Früchte seiner Forschertätigkeit geerntet. Für ihn gilt „Plus Lucis" nicht nur symbolisch, sondern hat auch eine sehr praktische Bedeutung, hat er doch uns allen durch seine Erfindungen „Mehr Licht" gegeben. Am 1. September 2008 feiern wir seinen 150. Geburtstag.

Sein Vater Alois Auer, geboren am 11.5.1813 in Wels, stammte aus bescheidenen Verhältnissen und hatte das Buchdruckergewerbe erlernt. Er war Autodidakt, hatte ein Sprachentalent, erlernte einige Sprachen und war sogar Gerichtsdolmetscher. Er ging nach Wien und wurde – erst achtundzwanzigjährig – Direktor der Hof- und Staatsdruckerei, ein Posten, den er von 1841 bis 1864 innehatte. Unter seiner Leitung erlangte das zuerst fast bankrotte Unternehmen Weltruf, er erfand unter anderem den Naturselbstdruck, die selbsttätige Schnellpresse und die Kupferdruckpresse, 1847 wurde er w. M. der eben gegründeten Kaiserlichen Akademie der Wissenschaften. Im gleichen Jahr mit der technischen Leitung der Wertpapierdruckerei der privilegierten Österreichischen Nationalbank betraut, musste er seinen Dienst bei der Bank aber bald quittieren, da er 1848 die Entwürfe zu den neuen 1- und 2-Guldennoten nur mit einfachen typographischen Verzierungen und simplem Unterdruck ohne Wasserzeichen ausstattete, die innerhalb kürzester Zeit photographisch in riesigen Mengen – qualitativ hervorragend – gefälscht wurden. Die Banknoten wurden 1849 wieder eingezogen. Seine Verdienste überwogen aber weitaus. Alois Auer wurde 1860 in den (nicht erblichen) Adelsstand erhoben, mit dem Prädikat „von Welsbach", auf den Geburtsort hindeutend.

Carl, geboren 1858, war das jüngste von vier Kindern von Alois Auer Ritter von Welsbach, dessen Begabung von seinem Vater erkannt und von ihm bis 1869 (Tod des Vaters) durch Privatunterricht gefördert wurde. Carl besuchte von 1869 an zuerst das Realgymnasium in Mariahilf, wechselte 1873 an die Realschule in der Josefstadt, an der er 1877 die Reifeprüfung ablegte. Nach dem Militärdienst als Einjährig-Freiwilliger 1877–1878 und Erhalt des Leutnantspatents studierte er 1878–1880 an der Technischen Hochschule Wien Mathematik, Chemie und Physik bei den Professoren Winkler, Bauer, Reitlinger und Pierre. Für seine zukünftige Entfaltung aber richtungsweisend war 1880 der Wechsel an die Universität Heidelberg, wo er im Laboratorium von Robert W. Bunsen sowohl mit den Seltenen Erden als auch mit der von Bunsen und Kirchhoff begründeten Spektralanalyse in Kontakt kam – beides bestimmend für seine weitere Forschungstätigkeit – und 1882 zum Doktor der Philosophie promovierte. Bunsen wollte den sehr begabten Experimentator Auer gerne als Mitarbeiter anstellen, aber Auer kehrte 1882 nach Wien als unbezahlter Assistent von Adolf Lieben, auch ein ehemaliger Schüler von Bunsen, zurück, in dessen Labor er sich mit chemischen Trennmethoden von Seltenerdelementen (für Chemiker 15 einander ähnliche Elemente von Lanthan bis Lutetium) beschäftigte. Auf oben erwähntem Denkmal heißt es: „Aus Seltenen Erden und Metallen schuf sein forschender Geist das Gasglühlicht, die elektrische Osmiumlampe, das funkensprühende Cereisen", jedoch kein Hinweis auf die von Auer entdeckten Elemente.

Diesem Forschungsgebiet Auers möchte ich mich als Anorganiker – und irgendwie Betroffener – zuerst zuwenden. Zwischen 1882 und 1884 veröffentlichte er an der Kaiserlichen Akademie der Wissenschaften – so hieß damals die ÖAW – eine Arbeit „Über die Seltenen Erden des Gadolinits von Ytterby" und eine weitere „Über die Seltenen Erden". In Verfolg dieser Arbeiten gelang Auer 1885 in mühevollen fraktionierten Kristallisationen der Ammoniumdoppelnitrate (auf Grund geringfügiger Löslichkeits- und Basizitätsunterschiede) die Trennung des bis dahin als Element angesehenen Didyms (Zwilling) in zwei Elemente, die Auer Praseodymium (lauchgrün) und Neodidymium (Neu-Zwilling) nannte, für welch Letzteres sich dann der Name Neodymium einbürgerte. Für die Elemente der „Yttererden" entwickelte er ein weiteres Trennungsverfahren, beruhend auf der unterschiedlichen Löslichkeit der Ammoniumdoppeloxalate. Aus dem schwächst basischen Teil der Yttererden, früher als Ytterbinerden bezeichnet, konnte Auer 1905 die Oxide zweier Elemente darstellen, die er Aldebaranium – später Ytterbium – und Cassiopeium nannte. Das Sternbild der Cassiopeia – das Himmels-W – ist nach dem großen Bären das augenfälligste zirkumpolare, also am nördlichen Sternenhimmel immer sichtbare Sternbild. Könnte Auer das Element nicht deshalb Cassiopeium genannt haben, um damit auf Welsbach hinzuweisen? In dem Bericht an die Akademie (30.3.1905) unterließ es Auer, die erhaltenen Spektren und die ermittelten Atomgewichte zu veröffentlichen, die er erst am 19.12.1907 in einer Ergänzung zum Bericht an die Akademie nachtrug (Monatshefte der Chemie 29 [1908], 181–225). Auch der französische Chemiker Georges Urbain hatte durch fraktionierte Kristallisation der Nitrate in salpetersaurer Lösung die Ytterbinerde gespalten und die beiden Komponenten Neo-Ytterbium und Lutetium (bis 1949 Lutecium) genannt, identisch mit Auers Aldebaranium (Ytterbium), resp. Cassiopeium. Es kam zu einem erbitterten, ja zum längsten Prioritätsstreit in der Chemie, der Auer schwer traf und kränkte und ihn möglicherweise den Nobelpreis kostete. 1909 entschied die Internationale Atomgewichtskommission, deren Mitglied Urbain war, für Urbains Priorität, da 1907 die Veröffentlichung Auers 44 Tage nach jener von Urbain erfolgte, obwohl Auers Cassiopeium wesentlich reiner als Urbains Lutetium war. 1911 gab Urbain nämlich die Entdeckung eines neuen Elements Celtium bekannt, das sich aber als reines Lu herausstellte. Es half nichts, dass die deutsche Atomgewichtskommission (Hahn, Hönigschmidt, Bodenstein, Meyer) eindeutig Auer die Priorität zuerkannte, es half nichts, dass bis 1949 der Name Cassiopeium in Deutschland, Österreich und zum Teil in Dänemark verwendet wurde: Auf Empfehlung der IUPAC ist man 1949 international übereingekommen, den Vorschlag Urbains, also Lutetium, anzunehmen. Ein kleiner Schönheitsfehler ist dabei, dass die Bundesrepublik erst 1951 in die IUPAC aufgenommen wurde, Österreich zwar seit 1948/49 Mitglied war, aber dass dessen einzige Erwähnung in dem Geschichtsband der IUPAC war, den 1949 und 1950 fälligen Beitrag nicht bezahlt zu haben. Übrigens findet man in den angelsächsischen Lehrbüchern noch einen dritten Entdecker von Lutetium – C. James – angegeben, der aber keinen eigenen Namen vorschlug. Auer suchte nach weiteren Elementen der Seltenen Erden, wie auch vergeblich nach dem Element mit Ordnungszahl 61 (dem 1947 von Marinski, Glendenin und Coryell gefundenen und nicht in der Natur vorkommenden Element Promethium) und setzte seine Arbeiten über Yttererden (Terbium bis Lutetium), d. h. über eine umfangreiche Thuliumreihe, bis zwei Tage vor seinem Tod fort.

Von 1883 an beschäftigte sich Auer mit Glühkörpern für die Inkandeszenzbeleuchtung. Ein aus Oxiden des Lanthans und des Zirkons bestehender Körper strahlt beim Erhitzen in brennbaren Gasen ein überaus starkes Licht aus, welches das Licht der bisher gebrauchten Leuchtgasflamme weit übertraf. Auer entwickelte ein Verfahren zur Glühkörperherstellung, das auf der Imprägnierung von Baumwollgewebe mittels Flüssigkeiten, in denen Seltenerdverbindungen gelöst sind, und Veraschen des Gewebes in einem nachfolgenden Glühprozess beruhte – damit war das Auer-Licht erfunden. Zuerst patentierte er 1885 einen Glühkörper aus den Oxiden des Magnesium, Lanthan und Yttrium und ersetzte dann Magnesium durch Zirkon. 1886 prägte der Journalist Moriz Szeps nach erfolgreicher Präsentation im N.Ö. Gewerbeverein die Bezeichnung Gasglühlicht. Auer verkaufte das österreichische Patent um 1 Million Gulden, vergab für die Verwertung in anderen Ländern Lizenzen und erwarb 1887 in Atzgersdorf eine stillgelegte Fabrik zur Herstellung der Lösung zum Imprägnieren. Nach gutem Beginn begannen Absatzprobleme wegen Mängeln der frühen Glühstrümpfe, wie die Zerbrechlichkeit, die kurze Einsatzdauer, das hitzeempfindliche Zylinderglas, das als unangenehm empfundene, kalte grünliche Licht und der relativ hohe Preis, welche 1889 zur Schließung des Atzgersdorfer Fabrik führten. Auer experimentierte weiter mit Thoriumoxidmischungen, bis er schließlich 1891 den optimalen Glühkörper aus 99% ThO_2 (250 mg pro Glühkörper) und 1% CeO_2 patentierte. (CeO_2 katalysiert die Verbrennung des Leuchtgases, die CeO_2-Partikel werden heißer und damit heller als normal möglich, was offenbar auf die schlechte Wärmeleitfähigkeit des ThO_2 zurückzuführen ist). Der neue Glühkörper war in Bezug auf die Lichtemission eine direkte Konkurrenz zur elektrischen Kohlefadenlampe dieser Zeit (1879, T. A. Edison, H. Goebel). Die Produktion in Atzgersdorf wurde wieder aufgenommen, der neue Glühkörper setzte sich auf Grund der gestiegenen Gebrauchsdauer rasch auf der ganzen Welt durch. 1892 gründete Auer gemeinsam mit dem Unternehmer Koppel die deutsche Gasglühlicht AG (später Auergesellschaft). Die Produktion der Auer-Glühkörper weitete sich sehr schnell aus. Wurden 1892 in Wien und Budapest schon 90.000 Auer-Brenner verkauft, betrug 1913 die Jahresproduktion 300 Millionen Stück. Ab 1912 wurden die Gasglühlampen durch Metallfadenlampen verdrängt.

Wegen der Radioaktivität wird seit 2000 ThO_2 in den USA und in vielen anderen Staaten nicht mehr produziert. Die Glühstrümpfe werden heute auf Yttriumbasis – also ohne ThO_2 – hergestellt, und Gasglühlampen finden heute nur noch Verwendung in Gegenden, die für Elektrizität nicht zugänglich sind bzw. u. a. für Camplaternen.

Auer gelangte zu Ansehen und Wohlstand. Er erwarb 1893 von der Operettendiva Geistinger den Besitz Rastenfeld bei Meiselding mit ihrer Villa und erbaute 1899 daneben das Schloss Welsbach als Familiensitz. 1898 erwarb er das stillgelegte ehemalige Eisenwerk Treibach mit seinen großen landwirtschaftlichen und forstwirtschaftlichen Flächen von Frau Egger, die die Bezahlung des Kaufpreises in Goldstücken verlangt haben soll, die dann in schweren Koffern weggeschafft wurden.

Der Konkurrenz durch die von Edison industriell produzierte Kohlenfadenlampe stellte sich Auer mit Erfolg. Wenn auch das Gasglühlicht damals besser und wirtschaftlicher war, begann Auer schon 1891 mit hochschmelzenden, schwer verarbeitbaren Metallen zu experimentieren, um die Glühfadentemperatur und damit die Lichtemission zu erhöhen. Der Versuch mit Platindrähten, überzogen mit hochschmelzendem ThO_2 scheiterte, da der Platinfaden beim Schmelzen entweder die Hülle sprengte oder diese beim Erstarren des Platins riss. Schließlich hatte er Erfolg: Osmiumpulver wurde mit einer Lösung von Gummi oder Zucker zu einer Paste geknetet, diese durch eine feine Düse zu einem Faden gepresst, der anschließend getrocknet und gesintert wurde. 1898 wurde dieser ersten gebrauchsfähigen Metallfadenlampe, dem „Auer-Oslicht", ein Patent erteilt und Auer wurde somit zu einem Pionier der Pulvermetallurgie höchstschmelzender Metalle. Auer wählte Osmium, da es damals als das höchstschmelzende Metall galt. Er kaufte alle in der Welt verfügbaren Osmiumbestände auf, um sich ein Monopol zu schaffen, bis 1905 das wesentlich kostengünstigere Wolfram als das am höchsten schmelzende Metall erkannt wurde und Osmium verdrängte. Auer konnte die Osmiumpatente mit Wertverlust verkaufen. Ein enger Mitarbeiter von Auer, A. Lederer, entwickelte nach dem Pastenverfahren die Wolframfadenlampe und von beiden Elementen leitet sich der Name der von Auer gegründeten Firma „Osram" ab. Übrigens war Auer mit Edison auf einer Amerikareise persönlich bekannt geworden und traf Edison auf dessen Durchreise nach Wien am damaligen St. Veiter Bahnhof in Glandorf: Der Zug musste damals wegen der langen Unterhaltung der beiden weltberühmten Erfinder 20 Minuten warten ...

Auf den 1898 erworbenen Treibacher Gründen errichtete Auer – unter Ausnutzung vorhandener Werksbauten – einen chemischen Forschungs- und Versuchsbetrieb, den er „Dr. C. Auer von Welsbach'sches Werk Treibach" benannte und aus dem 1907 die Treibacher Chemische Werke GmbH (TCW) hervorging. In diesem Werk wurden alle weiteren Versuche mit und die Produktion von Seltenen Erden durchgeführt. Schon Bunsen fand, dass das von ihm durch Schmelzflusselektrolyse hergestellte Cer bei mechanischer Bearbeitung auffällig Funken sprühte. Aus dem bei der Herstellung von ThO_2 aus Monazit anfallenden cerhältigen Produktionsrückständen gewann Auer mittels Schmelzflusselektrolyse von Ceritchlorid schließlich 1903 eine optimale pyrophore Legierung von 70% Cermischmetall (Lanthan, Cer, Praseodym, Neodym) mit 30% Eisen, die durch Ritzen oder Reiben mit harten und scharfen Gegenständen Funken gab. Es gab große Probleme zu lösen, bis ein porenfreies und haltbares Metall erhalten wurde (erzielt durch Zusatz von Schlacke, die zweiwertiges Samarium angereichert enthielt). Dieses „Auermetall", allgemein bekannt als Cereisen, Ferrocerium oder Zündstein, ist bis zum heutigen Tage der funkenspendende Bestandteil von Feuerzeugen. 1929 erreichte die Welterzeugung von Cereisen 100 Tonnen. Zwischen 1908 und 1930 wurden 1.100 bis 1.400 Tonnen Feuersteine produziert. Auer selbst konstruierte und baute eigenhändig die ersten Feuerzeugmodelle, war aber nicht sehr daran interessiert, Zündsteine im eigenen Betrieb herzustellen, sondern zog es vor, das betriebsreife Verfahren an Lizenznehmer weiterzugeben. Er wollte zumindest seine ausländischen Cereisenpatente verkaufen und fand eine sächsische Grubenlampenfirma (Friemann & Wolf) als Interessenten am Ankauf des deutschen Patentes (Nr. 154.807). Auer nannte als Preis 60.000 Kronen, aber die Firma wollte etwas herunterhandeln. Nun interessierten sich aber auch rheinische Sicherheitslampenfabrikanten für dieses Patent. Zufällig trafen die Vertreter beider Firmen gleichzeitig in Treibach ein. Als Auer davon erfuhr, verlangte er 400.000 Kronen und schließlich waren beide Interessenten gezwungen, das Patent um 500.000 Kronen zu erwerben. 1911 wollte Auer das Werk Treibach an die Deutsche Auergesellschaft verkaufen, konnte aber von dem 1908 in die Firma eingetretenen Betriebsleiter Fattinger überzeugt werden, dass ihm das Werk einen viel größeren Ertrag bringen werde, wenn er es nicht verkaufe. Die steigende Produktion von Zündsteinen und Feuerzeugen sicherte die wirtschaftliche Basis der TCW. In den letzten Lebensjahren von Auer wurde Treibach vor allem durch die Arbeit des Generaldirektors Fattinger mit zusätzlichen Produkten (besonders Ferrolegierungen) zum Erfolg geführt. So wurden während des Ersten Weltkrieges Versuche mit verflüssigtem Sauerstoff durchgeführt, wie ich beim Durchlesen von Berichten in der Laborbibliothek der TCW erfuhr, nur kam dabei ein Namensvetter – aber nicht Verwandter – von mir ums Leben … Treibach-Althofen deckte bis etwa 1990 den Großteil des Weltbedarfs an Zündsteinen. Als ich 1951 in die TCW eintrat, war ein Hauptkunde Rotchina, da jeder Rekrut der Armee ein Feuerzeug mit Zündsteinen als Einstandsgabe erhielt.

Eigene Experimente bei TCW ergaben pyrophore ternäre Legierungen auf Titan- bzw. Zirkonbasis (mit Zusätzen von Bi, Pb, Sb), die zwar zu acht Patenten führten, aber die Position von Auers Cereisen leider nicht erschüttern konnten. Doch gaben mir die Versuche zur Herstellung von reinem Titan die „Einreisekarte" zu einem elfjährigen Aufenthalt in den USA, da Titan in der Raum- und Luftfahrttechnik sowie für U-Boote Verwendung findet.

Auer war anderen Wissenschaftlern ein sehr hilfsbereiter Kollege und erfüllte bereitwillig Wünsche nach den durch seine Trennmethoden gewonnenen Seltenerd- und Actinidenpräparaten. Er stellte verschiedene Präparate von Uran, Th_{230} (Ionium, ein Thorium-Isotop und ein Zerfallsprodukt der Uran-Radium-Reihe), Polonium und Actinium her, die er Forschern wie F. W. Aston und Ernest Rutherford (Cavendish Laboratorium, Cambridge, UK) für Forschungszwecke zur Verfügung stellte. Für die Kaiserliche Akademie der Wissenschaften in Wien arbeitete er unentgeltlich 10t Uranerzlaugerückstände auf, um daraus damals die weltweit größte Menge Radium zu gewinnen, wo auch 1911 Hönigschmidt das exakte Atomgewicht dieses Elements bestimmte.

Auer war auch sozial sehr engagiert, stiftete 1908 die Volksschule Meiselding (bei Treibach), schenkte Krankenhäusern Röntgenapparate, ließ Wohnungen für Arbeiter bauen.

Von der Vielzahl der Ehrungen soll nur eine beschränkte Auswahl genügen. 1901 erfolgte die Erhebung in den erblichen Freiherrenstand durch Kaiser Franz Joseph, 1910 erhielt er den Stern zum Komturkreuz des Franz-Joseph-Ordens durch den Kaiser, 1911 wurde er zum wirklichen Mitglied der Kaiserlichen Akademie der Wissenschaften sowie der Schwedischen und Deutschen Akademie der Wissenschaften gewählt; er war Ehrensenator der Universität Heidelberg und erhielt fünf Ehrendoktorate. Die Republik Österreich ehrte ihn 1936 durch eine A.v.W. 40g-Sonderpostmarke (6.12.1936), 1954 eine 1,50 S Sonderpostmarke zu seinem 25. Todestag (4.8.1954); 1956 wurde die 20 S Banknote mit dem Bildnis von C.A.v.W. herausgegeben (2.7.1956) und 1958 eine 25 S Silbermünze geprägt. In Wien gibt es im 15. Bezirk zwischen Mariahilfer Straße und Linker Wienzeile/Schlossallee den C.A.v.W.-Park (1998 von den österreichischen Bundesgärten übernommen) und im 23. Bezirk eine C.A.v.W.-Straße.

Besonders erwähnen aber möchte ich das C.A.v.W.-Museum in Althofen (Kärnten), das seit der Gründung 1996 von Roland Adunka zu einem bewundernswerten Schatzkästchen ausgebaut wurde und betreut wird – und das auch quasi als Standesamt Verwendung findet. Herrn Adunka verdanke ich viele Anregungen für meinen Vortrag.

Carl Auer von Welsbach hatte drei Söhne, Carl, Herbert, Hermann, und eine Tochter Ingrid. Sie und Auers Gattin wurden 1929 nach Auers Tod Hauptaktionäre der in eine Aktiengesellschaft umgewandelten TCW GesmbH. 1940 verkauften Herbert und Carl Auer-Welsbach sowie deren Mutter die TCW-Aktien und übrig blieb als Großaktionär Hermann Auer-Welsbach, der schließlich 1968 seine Aktien – sowie die seines Mündels K. Hoffmann, eines Enkels des Gründers – veräußerte. Zwei Jahre später trat er aus dem Aufsichtsrat aus und damit ging die Verbindung des Unternehmens mit der Familie seines Gründers zu Ende. Eine Enkelin des Gründers und Tochter von Hermann, Helga Mikler, geborene Auer-Welsbach, wurde Chemikerin und war als Assistentin am Institut für Anorganische Chemie der Universität Wien tätig, das ich 1966, aus den USA zurückkehrend, als Vorstand übernahm. Leider weilt sie nicht mehr unter uns. Aber Prof. Kurt Rossmanith, am gleichen Institut tätig, widmete sich sehr erfolgreich der Trennung der Seltenen Erden. Ein Urenkel, Hermann Auer-Welsbach, schrieb 1992 seine Diplomarbeit in Graz über „Die Erfindungen des Dr. Carl Auer von Welsbach".

Lassen Sie mich zusammenfassen: Auer entdeckte drei neue Elemente, bei zweien steht seine Priorität unbestritten fest, er entdeckte und erfand das Gasglühlicht, die Metallfadenlampe – und damit pionierte er auch die Pulvermetallurgie höchstschmelzender Metalle –, wirkte maßgebend bei der Reindarstellung von Seltenerdverbindungen und auf dem Gebiet der Seltenerdmetallurgie, erfand Zündstein und perfektionierte das Feuerzeug. Man entdeckte nach seinem Tod im Labor Glasröhren mit zwei Metallanschlüssen, gefüllt mit verschiedenen Gasen – ein möglicher Hinweis, dass er auch mit Leuchtstoffröhren experimentierte. Er gründete Firmen in Österreich, Deutschland, Frankreich, England, den USA und Kanada. Damit aber nicht genug, interessierte er sich für Botanik, züchtete Rosen, darunter eine praktisch schwarzblaue Variante, eine besondere Apfelsorte, den Auerapfel – rot, säuerlich-wohlschmeckend, haltbar –, war einer der Ersten, wenn nicht der Erste, der in Österreich die Farbphotographie (Lumière-Verfahren) entwickelte, nachdem er sich schon vorher intensiv mit der Schwarz-Weiß-Photographie beschäftigt hatte, und war der Erste, der mit einem Edison-Phonographen 1900 Kärntnerlieder aufgenommen hat. Das Tonarchiv (Phonogrammarchiv) der Österreichischen Akademie der Wissenschaften half, diese (zwanzig) Hartwalzentonträger auf Tonband zu überspielen, die somit zu den ältesten Tondokumenten Österreichs gehören.

Es stellt sich uns die Frage, wie ein Mensch all dies leisten konnte. Auer hatte eine günstige Ausgangsposition: Sein Potential wurde von seinem Vater erkannt und von ihm sehr gefördert. Als Doktorvater hatte er den damals berühmtesten deutschen Chemiker Bunsen, von dem er stofflich (Seltene Erden) und methodisch (Spektralanalyse, fraktionierte Kristallisation, Schmelzflusselektrolyse) angeregt und geschult wurde. Auer war ein äußerst begabter und gewissenhafter Experimentator, dessen Interesse keine wissenschaftlichen Grenzen kannte, der aber auch die wirtschaftlichen Umsetzungen seiner Erfindungen sehr erfolgreich betrieb. Er war immens arbeitsam. Auers Arbeitstag war lang, dauerte gewöhnlich 16 bis 18 Stunden und noch zwei Tage vor seinem Tode arbeitete er in seinem Privatlabor in Welsbach. Er brachte uns im doppelten Sinne des Wortes mehr Licht: wissenschaftlich, da er unsere Kenntnis um das Periodensystem der Elemente vermehrte, praktisch, da er uns durch seine Erfindungen mehr Licht gab – in der Tat hat C.A.v.W. auf seinem Denkmal die Aufschrift „Plus Lucis" verdient.

Carl Auer von Welsbach und das Wiener Radium

WALTER KUTSCHERA

Vienna Environmental Research Accelerator (VERA)
Fakultät für Physik der Universität Wien

1. DIE ENTDECKUNG DER RADIOAKTIVITÄT UND DES RADIUMS

Im Jahr 1896 wurde in Frankreich durch Antoine Henri Becquerel die Radioaktivität des Urans entdeckt. Im selben Jahr wurde durch Pierre de Coubertin, ebenfalls in Frankreich, die moderne Ära der Olympischen Spiele ins Leben gerufen. Sigmund Freud soll zwar einmal gesagt haben: „Es gibt keine Zufälle", aber bei den eben genannten Ereignissen ist es schwer an etwas anderes als einen Zufall zu glauben. Im übrigen stellte sich bald heraus, dass der radioaktive Zerfall selbst geradezu ein Paradebeispiel für ein zufälliges Ereignis darstellt. Ein einzelnes radiaktives Atom weiß niemals, wie alt es ist und wann es nun eigentlich zerfallen wird. Zu jedem Zeitpunkt seines Lebens kann man nur eine Wahrscheinlichkeitsaussage darüber machen. Physikalisch gesprochen, ist der radioaktive Zerfall ein rein statistisches Ereignis, d. h. dass die Zahl der Zerfälle, die man von einer bestimmten Anzahl von radioaktiven Atomen beobachten kann, streng proportional der Anzahl dieser Atome ist.

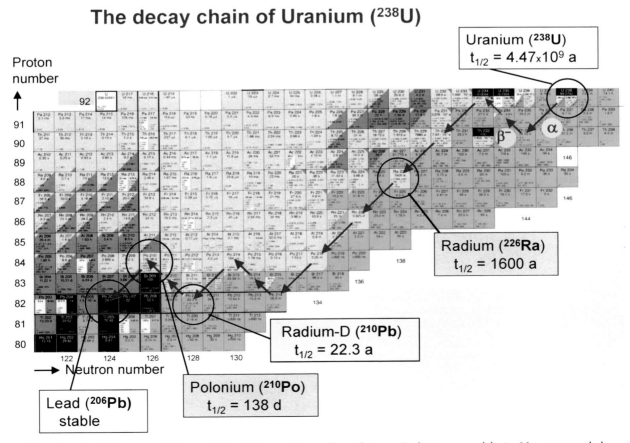

Abb. 1: Die Zerfallskette von ^{238}U zum ^{206}Pb mit Hervorhebung der wichtigsten Radioisotope, welche im Natururan enthalten sind.

Die Proportionalitätskonstante enthält die Halbwertszeit, die angibt, nach welcher Zeit die Zahl der Atome um die Hälfte abgenommen hat. Nach einer weiteren Halbwertszeit ist nur noch ein Viertel vorhanden und so weiter. Beim bekannten Radioisotop des Kohlenstoffs (Radiocarbon, ^{14}C) beträgt diese Halbwertszeit 5730 Jahre. Es eignet sich daher vorzüglich zur Altersbestimmung in der Archäologie.

Als Becquerel die Radioaktivität des Urans beobachtete, wusste man wenig über das Alter der Erde. Heute wissen wir, dass das Alter der Erde und die Halbwertszeit von ^{238}U, des Hauptisotops von Uran, fast gleich sind: ~ 4.5×10^9 Jahre. Das heißt, dass vom Uran seit der Entstehung der Erde erst die Hälfte zerfallen ist und man es überall auf der Erde findet. Allerdings in sehr unterschiedlicher Konzentration. Becquerel hatte Uran von einem Uranerz zur Verfügung und wollte eigentlich untersuchen, ob Uran die von Wilhelm Röntgen ein Jahr früher (1895) entdeckte Röntgenstrahlung aussandte, wenn man es zuerst einer Lichtbestrahlung aussetzte. Er fand aber durch Zufall, dass Uran auch Strahlung aussandte, ohne dass es mit Licht in Berührung kam. Seine große Leistung war, dass er erkannte, dass es sich hier um ein neues Phänomen handelte: Die spontane Aussendung von Strahlung ohne äußeren Einfluss. In Abbildung 1 ist der Zerfall des ^{238}U, wie wir ihn heute kennen, mit Hilfe der sogenannten Nuklidkarte dargestellt. Jedes Kästchen entspricht einem Atom mit einer bestimmten Zahl von Protonen und Neutronen im Atomkern. Eine horizontale Reihe bedeutet, dass die Protonenzahl gleich bleibt (z.B. 92 für Uran) und sich nur die Neutronenzahl ändern, was zu den unterschiedlichen Isotopen eines Elements führt. Schwarze Kästchen bedeuten stabile Isotope, radioaktive Isotope sind farbig gekennzeichnet. Blau und rot bedeutet Zerfall mit Aussendung von Elektronen bzw. Positronen (Beta-Strahlung), gelb bedeutet Zerfall mit Aussendung eines ^{4}He-Kerns (Alpha-Strahlung). In der Abbildung ist die Kette von aufeinander folgenden Zerfällen gezeigt, die von ^{238}U bis zum stabilen Endprodukt ^{206}Pb führt.

Es war die große Leistung von Pierre und Marie Curie, 1898 als erste zwei dieser Zerfallsprodukte (^{210}Po und ^{226}Ra) durch chemische Methoden von großen Mengen Uran zu isolieren und darin neue Element zu erkennen, die sie Polonium bzw. Radium nannten. Für diese Entdeckung wurde ihnen zusammen mit Becquerel der Nobelpreis für Physik 1903 zuerkannt (Abb. 2).

Marie Curie gelang später die Isolierung von reinem Radium, wofür ihr noch der Nobelpreis für Chemie 1911 zuerkannt wurde. Um ein Gramm Radium zu erhalten, müssen mehrere Tonnen Uranerz verarbeitet werden.

Antoine Henri Becquerel　　　　**Marie Sklodowska-Curie**　　　　**Pierre Curie**
(1852-1908)　　　　　　　　　　**(1867-1934)**　　　　　　　　　**(1859-1906)**

Abb. 2: Die Gewinner des Nobelpreises für Physik 1903 „in recognition of the extraordinary services he has rendered by his discovery of spontaneous radioactivity" (Becquerel), and „in recognition of the extraordinary services they have rendered by their joint researches on the radiation phenomena discovered by Professor Henri Becquerel" (Marie and Pierre Curie).

2. Was geschah Anfang 1900 in Wien?

Das meiste Uranmaterial, das die Curies in Paris verarbeiteten, stammte aus Joachimsthal in Böhmen, was damals zur Österreichisch-Ungarischen Monarchie gehörte. Man erkannte wohl auch in Österreich bald, dass dieses Uranmaterial, das man den Curies frei zur Verfügung stellte, ein großes Potential für neue Entdeckungen enthielt. Insbesondere hatte das Radium schnell an Bedeutung gewonnen.

Daher beauftragte 1904 der bekannte Geologe Eduard Suess (Abb. 3), der damals Präsident der Kaiserlichen Akademie der Wissenschaften in Wien war, die Auer von Welsbachsche Gasglühlichtfabrik in Atzgersdorf bei Wien, aus 10.000 kg Rückständen der Urangewinnung von Joachimsthal das Radium zu extrahieren. Durch Haitinger und Ulrich wurden bis 1908 schließlich ca. 3 Gramm Radium gewonnen [1], das für die nächsten 30 Jahre eine große Bedeutung für die Entwicklung der Kernphysik hatte, auch über die Grenzen Österreichs hinaus.

Eine ähnlich weitsichtige Person wie Eduard Suess war der Wiener Jurist, Industrielle und Mäzen Dr. Karl Kupelwieser (Abb. 4), der 1908 der Kaiserlichen Akademie der Wissenschaften einen Betrag von 500.000 Kronen (~ 5 Millionen Euro) zum Bau eines Instituts für Radiumforschung zur Verfügung stellte. In seinem Brief an die Akademie vom 2. August 1908 stellte er fest:

„Die Besorgniß, daß meine Heimath Österreich etwa verabsäumen könnte, sich eines der größten ihm von der Natur überlassenen Schätze, nämlich des Minerales Uran-Pechblende wissenschaftlich zu bemächtigen, beschäftigt mich schon seit dem Bekanntwerden der räthselhaften Emanationen ihres Produktes, "Des Radiums".

Eduard Suess (1831 – 1914)

Abb. 3: Suess beauftragte die Auer von Welsbachsche Gasglühlichtfabrik in Atzgersdorf von 10 Tonnen Uranerzrückständen das Radium zu extrahieren.

Dr. Karl Kupelwieser (1841-1925)

Abb. 4: Kupelwieser spendete der Kaiserl. Akademie der Wissenschaften die Summe von 500 000 Kronen, um das Institut für Radiumforschung in Wien zu bauen.

Stefan Meyer (1872 – 1949)

Abb. 5: Stefan Meyer war von 1910 bis 1938 Direktor des Instituts für Radiumforschung. Er hatte enge Verbindung zu Ernest Rutherford, dem er 1908 vom Auer von Welsbachschen Radium 700 Milligramm zur Verfügung stellte.

Ernest Rutherford (1871-1937)

Abb. 6: Rutherford wird wohl mit Recht als Begründer
der Kernphysik bezeichnet. Unter anderem entdeckte er
den Atomkern und das Proton. Er erhielt den Nobelpreis für Chemie 1908 „for his investigations into the
disintegration of the elements, and the chemistry of
radioactive substances".

Otto Hönigschmid (1878 – 1945)

Abb. 7: Otto Hönigschmid stellte unter Verwendung
des Auer von Welsbachschen Radiums die reinsten
^{226}Ra Standards her, die lange Zeit das beste waren, was
man auf diesem Gebiet zur Verfügung hatte [4].

Ich wollte, so weit meine Kräfte reichen, zu verhindern trachten, daß mein Vaterland die Schande treffe, daß es eine ihm gewissermaßen als Privilegium von der Natur zugewiesene wissenschaftliche Aufgabe sich habe von Anderen entreißen lassen.

Es blieb mir hierzu in unserem etwas schwerfälligen Reiche unter den wirklich schon drängenden Umständen kein anderer Weg, als selbst in die Tasche zu greifen, und wenigstens den Pfad zu ebnen versuchen."

Das Institut für Radiumforschung wurde 1910 eröffnet und von Stefan Meyer (Abb. 5) bis 1938 geleitet [2, 3].

Georg von Hevesy (1885-1966)

Das Auer von Welsbachsche Radium stand dem Institut dabei als wichtigstes Forschungsmaterial zur Verfügung. Stefan Meyer hatte davon schon 1908 700 mg unentgeltlich an Ernest Rutherford (Abb. 6) nach England gegeben.

Rutherford hatte damit unter anderem 1911 durch Streuung von Alpha-Teilchen an Goldfolien den Atomkern entdeckt und 1919 die erste durch Alpha-Teilchen induzierte Kernreaktion am Stickstoff beobachtet. In letzterer entdeckte er auch das Proton. Am Radiuminstitut hatte inzwischen Otto Hönigschmid (Abb. 7) aus dem Auer von Welsbachschen Radium hochreine Radiumstandards hergestellt [4], die für viele Jahre die besten Standards der Welt waren.

Ein interessante Geschichte spielte sich bei dem aus Ungarn stammenden Georg von Hevesy (Abb. 8) ab, der zunächst bei Ru-

Abb. 8: Georg von Hevesy hatte zunächst bei Rutherford und später in Wien gearbeitet, wo er zusammen mit Fritz Paneth das erste Mal Ra-D als Tracer für chemische Reaktionen von Blei verwendete [5]. Er hat 1943 den Nobelpreis für Chemie erhalten "for his work on the use of isotopes as tracers in the study of chemical processes".

therford arbeitete und dort die Aufgabe erhielt, die radioaktive Substanz Radium-D von Blei zu trennen. Rutherford soll ihn dabei mit den Worten animiert haben: "My boy, if you are worth your salt, you separate Radium D from all that nuisance lead." Aus Abb. 1 ist ersichtlich, dass diese Aufgabe nicht lösbar war, da sich später herausstellte, dass Radium-D das Bleiisotop ^{210}Pb war. Hevesy war sicherlich zunächst über seinen "complete failure" (Originalzitat von Hevesy) betrübt, machte aber dann aus dem Misserfolg eine Tugend, indem er am Radiuminstitut in Wien zusammen mit Fritz Paneth zum ersten Mal eine radioaktive Substanz (Ra-D) als Indikator benützte, um chemische Reaktionen von Blei zu verfolgen [5]. Für die Erfindung der Indikatormethode erhielt Hevesy später den Nobelpreis für Chemie 1943.

3. Radium-226 heute: Die Alpha-Immuno-Krebstherapie

Ohne Zweifel war das Radium 30 Jahre lang das wichtigste Material für kernphysikalische Untersuchungen. Erst als in den 1930-er Jahren die ersten Teilchenbeschleuniger entwickelt wurden, begann seine Bedeutung abzuklingen. Am Institut für Radiumforschung wurde aber das Radium trotz dieser abnehmenden Bedeutung bis in unsere Zeit aufbewahrt, zuletzt im Forschungszentrum Seibersdorf – ohne eine wirkliche Verwendung dafür zu haben. Erst seit etwa dem Jahr 2000 gewann dieses Radium wieder eine unerwartete Verwendung. An der TU München hatte sich eine Gruppe von Kernphysikern, Radiochemikern und Nuklearmedizinern mit Unterstützung der US-Firma Actinium Pharmaceuticals der Produktion des Radioisotops Actinium-225 (^{225}Ac) zugewandt [6], das man für die Alpha-Immuno-Krebstherapie verwenden kann [7]. Das Prinzip dieser Methode ist in Abb. 9 schematisch dargestellt.

Die Grundidee liegt darin, das relativ kurzlebige Radioisotop Wismut-213 (^{213}Bi, $t_{1/2}$ = 45.6 m) an ein Antikörpermolekül anzuhängen, das eine spezifische Affinität zu Krebszellen hat. Wenn das Antikörpermolekül an die Krebszelle angedockt hat, erzeugt der Beta-Zerfall des ^{213}Bi zum extrem kurzlebigen ^{213}Po ($t_{1/2}$ = 4 μs) die sofortige Emission von Alphateilchen mit 8.4 MeV Energie. Diese können nun die Krebszelle aus nächster Nähe zerstören.

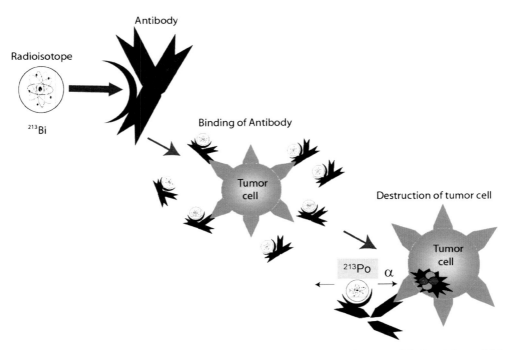

Abb. 9: Schematische Darstellung der Anlagerung des Radioisotops ^{213}Bi an ein Antikörpermolekül und die nachfolgende Anlagerung dieses Moleküls an eine Krebszelle, wo der Alpha-Zerfall des Tochterprodukts, ^{213}Po, die zerstörende Wirkung auf die Krebszelle ausübt.

^{225}Ac – ^{213}Bi Generator

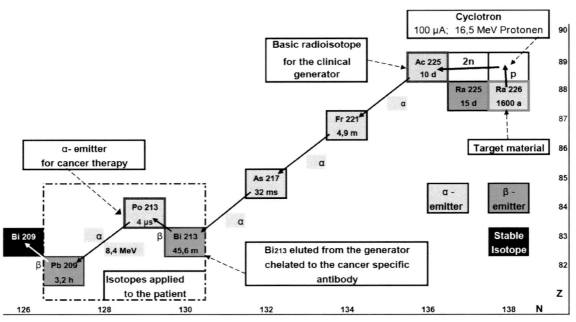

Abb. 10: Schematische Darstellung der Erzeugung von ^{225}Ac durch die Bestrahlung von ^{226}Ra mit Protonen. Die nachfolgenden Alpha-Zerfälle erzeugen das gewünschte Radioisotop ^{213}Bi, das für die Alpha-Immuno Therapie verwendet wird (vgl. Abb. 9).

The Converted Cyclotron for Acceleration of H$^-$ and Extraction of H$^+$

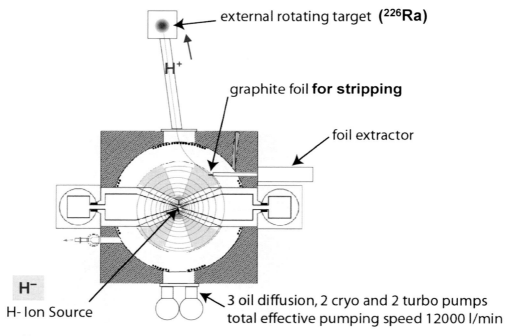

Abb. 11: Produktion von ^{225}Ac mit 16-MeV Protonen am Zyklotron der TU München.

Radium Cycle Overview

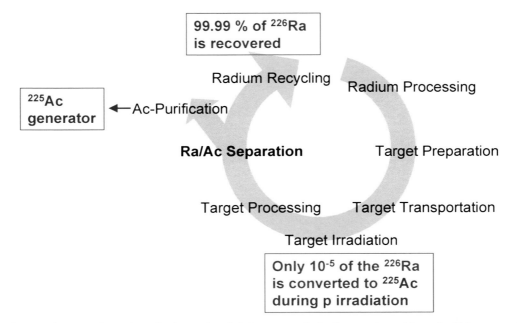

Abb. 12: Schematische Darstellung der radiochemischen Schritte, um nach der Protonenbestrahlung das [225]Ac zu separieren und das [226]Ra wieder zurückzugewinnen.

[229]Th – [225]Ac Nuclear Generator

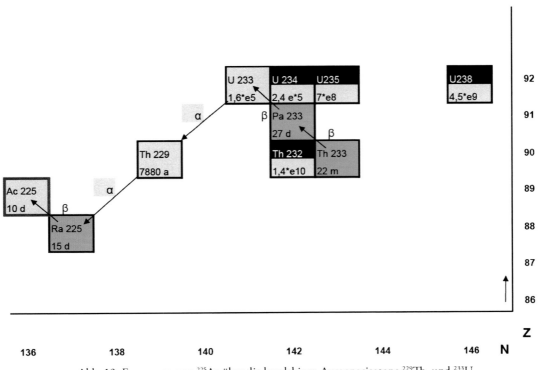

Abb. 13: Erzeugung von [225]Ac über die langlebigen Ausgangsisotope [229]Th und [233]U.

Um in einer klinischen Anwendung das ^{213}Bi laufend zur Verfügung zu haben, benötigt man eine etwas langlebigere Muttersubstanz (eine „radioaktive Kuh"), von der man das ^{213}Bi nach Bedarf „melken" kann. Als günstiges Ausgangsprodukt ergibt sich das oben erwähnte ^{225}Ac ($t_{1/2}$ = 10 d). Hier kommt nun das ^{226}Ra ins Spiel. Es zeigt sich, dass ^{225}Ac am besten durch die Kernreaktion ^{226}Ra + p = ^{225}Ac + 2n erzeugt werden kann (Abb. 10).

Dafür braucht man ein ^{226}Ra Target, wozu sich das restliche Wiener Radiummaterial (~ 2.1 g ^{226}Ra) vorzüglich eignet, welches den Münchner Kollegen auch für ein relativ geringes Entgelt zur Verfügung gestellt wurde. In München wurde ein existierendes Protonen-Zyklotron vom Betrieb mit positiven Wasserstoffionen (H$^+$) auf negative (H$^-$) so umgebaut, dass es eine externe Bestrahlung eines ^{226}Ra Targets mit einem intensiven Protonenstrahl (~100 µA) zulässt (Abb. 11).

Bei der Protonen-Bestrahlung von ca. einer Woche wird nur ein sehr geringer Teil (10^{-5}) des ^{226}Ra in ^{225}Ac verwandelt. Um das kostbare ^{226}Ra nicht zu vergeuden, wird bei der Abtrennung von ^{225}Ac das ^{226}Ra für eine erneute Bestrahlung wiedergewonnen. Eine schematische Darstellung dieses Zyklus ist in Abb. 12 wiedergegeben.

Im vergangenen Jahr hat die Münchner Gruppe ihr Ziel erreicht: Durch die Bestrahlung von 0.1 g Radium mit 100 µA Protonen wurde in einer Woche eine Aktivität von 100 milliCurie ^{225}Ac, das sind 3.7×10^9 Zerfälle pro Sekunde erzeugt. Dieses Material kann nun für die klinische Testphase verwendet werden.

Als Alternative zur Erzeugung von ^{225}Ac durch Protonenbestrahlung von ^{226}Ra, kann ^{225}Ac auch durch hochenergetische Photonenbestrahlung via ^{226}Ra + γ = n + ^{225}Ra ($t_{1/2}$ = 15 d) → ^{225}Ac erzeugt werden. [8]. Eine andere Möglichkeit ist die Verwendung des langlebigen Radioisotops ^{229}Th ($t_{1/2}$ = 7880 a), das über seinen Alpha-Zerfall ^{225}Ra erzeugt. Aus Abb. 13 ist ersichtlich, dass ^{229}Th ein Alpha-Zerfallsprodukt des sehr langlebigen ^{233}U ($t_{1/2}$ = 1.6×10^5 a) ist, welches seinerseits durch „Brüten" von ^{232}Th mit Reaktorneutronen erzeugt werden kann. Da ^{233}U ähnlich gut wie ^{235}U durch Neutronen gespalten werden kann, wurde während der Zeit des kalten Krieges eine beachtliche Menge an ^{233}U erzeugt, von welchem im Prinzip ^{229}Th als langlebiger ^{225}Ac Generator gewonnen werden könnte [8,9].

4. SCHLUSSBEMERKUNG

Österreich hat 100 Jahre nach der Lieferung von Joachimsthaler Pechblende nach Paris und rund 90 Jahre nach der Lieferung von 0.7 g Radium nach Manchester, 2.1 g Radium nach München geliefert. Im Rückblick kann man sagen, dass Österreich im Zusammenhang mit der Entwicklung der Radioaktivität stets wertvolles Material aus seinem Besitz uneigennützig der Wissenschaft zur Verfügung gestellt hat. Wenn jetzt das Auer von Welsbachsche Radium eine neue Blütezeit erlebt, so kann man wohl den Schluß ziehen: „Niemals etwas wegwerfen, das Auer von Welsbach hergestellt hat!"

5. DANKSAGUNG

Der Autor dankt Ernst Huenges für die Überlassung von Information bezüglich des Münchner Projekts für die Erzeugung eines ^{225}Ac-^{213}Bi Generators und Gerhard Winkler für die jahrzehntelange Betreuung des Auer von Welsbachschen Radiums in Wien.

6. LITERATUR

[1] L. Haitinger, K. Ulrich, Bericht über die Verarbeitung von Uranpecherzrückständen, Sitz. Ber. Kaiserl. Akad. Wiss. Wien, **117** (1908) 619–629.

[2] W.L. Reiter, Stefan Meyer und die Radioaktivitätsforschung in Österreich, Österreichische Akademie der Wissenschaften, Anzeiger der philosophisch-historischen Klasse, 135. Jg. (2000), 105–143.

[3] W.L. Reiter, Stefan Meyer: Pioneer of Radioactivity. Physics in Perspectives Vol. 3, No.1 (2001) 106–127.

[4] Otto Hönigschmid, Revision des Atomgewichts des Radiums und Herstellung von Radiumstandardpräparaten, Sitz. Ber. Kaiserl. Akad. Wiss. Wien **120** (1911) 1617–1652.

[5] F. Paneth and G. v. Hevesy, Über Versuche zur Trennung des Radium D von Blei und Über Radioelemente als Indikatoren in der analytischen Chemie, Sitz. Ber. Kaiserl. Akad. Wiss. Wien **122** (1911) 993–1000; 1001–1007.

[6] E. Huenges, Physik Department, TU München, private Mitteilung.

[7] M.R. Mc Devitt et al., Tumor Therapy with Targeted Atomic Nanogenerators, Science **294** (2001) 1537–1540.

[8] A. Morgenstern, C. Apostolidis, F. Bruchertseifer, Production of Alpha emitting Radionuclides for Nuclear Medicine. In: G. Pfenning, C. Normand, J. Magill, T. Fanghänel, eds., Karsruher Nuklidkarte, Commemoration of the 50th Anniversary, Institute of Transuranium Elements, Karlsruhe (2008) 338–243.

[9] www.nuclear.gov/pdfFiles/U233RptConMarch2001.pdf, Report to Congress on the Extraction of Medical Isotopes from Uranium-233, U.S. Department of Energy (March 2001), 1–8.

Carl Auer von Welsbach als Konkurrent von George Urbain

W. Gerhard Pohl

Einleitung

Die Erforschung der Seltenen Erden begann 1794, als der finnische Chemiker Johan Gadolin (1760–1852) aus einem bei Ytterby in Schweden aufgefundenen Mineral die „Yttererde" isolierte. Der schwedische Chemiker Carl Gustav Mosander (1797–1858) zerlegte 1843 die Yttererde in drei Fraktionen. Durch weitere Fraktionierung erhielt 1878 der schweizerische Chemiker Jean Charles Gallisard de Marignac (1817–1894) die Ytterbiumerde, das Oxid des neuen Metalls Ytterbium. Dieses wurde als Element angesehen, war aber eine Mischung aus zwei Elementen. Die Auftrennung des Ytterbiums in zwei Elemente gelang in den Jahren 1905 bis 1907 dem Österreicher Carl Auer von Welsbach (1858–1929), dem Franzosen George Urbain (1872–1938) und dem Amerikaner Charles James (1880–1928). Während James seine Ergebnisse nicht publizierte, entwickelte sich zwischen Auer von Welsbach und Urbain ein heftiger Prioritätsstreit. Mehrere Chemiker versuchten über viele Jahre erfolglos die Stellung der Seltenen Erden im Periodensystem der Elemente aufzuklären. In den Jahren 1913 bis 1922 gelang es mit physikalischen Methoden wie der Röntgenspektroskopie von Henry Moseley (1887–1915) und der Atomtheorie von Niels Bohr (1885–1962), die Reihenfolge aller Elemente im Periodensystem auf die Zahl der Protonen in den Atomkernen (Ordnungszahl) zurückzuführen. Die beiden von Auer und Urbain entdeckten Elemente haben die Ordnungszahlen 70 und 71. Sie schließen die Reihe der Seltenen Erden ab, bei denen die vierte Elektronenschale vollgefüllt wird. Das Element 72 gehört nicht mehr zu den Seltenen Erden, sondern ist ein Homologes von Zirkon und kommt nur als dessen Begleiter vor.

Auf Grund unpublizierter Briefe aus dem Auer von Welsbach Forschungsinstitut in Althofen und dem Niels Bohr Archiv in Kopenhagen können die bisherigen Kenntnisse über die Ent-deckung der Elemente 70, 71 und 72 und die folgenden Prioritätsstreitigkeiten ergänzt werden. Zitate aus verschiedenen Briefen sollen dies illustrieren. Niels Bohr schrieb an Auer von Welsbach, dass die Kenntnis von den Eigenschaften der Seltenen Erden für die Lehre vom Atombau und für das Verständnis des Periodensystems der Elemente von größter Bedeutung war.

Die historischen Fakten zur Entdeckung der Elemente 70, 71 und 72 sind in der Auer-Biographie von Franz Sedlacek, in der Zwischenkriegzeit Kustos des Technischen Museums Wien (Blätter für Geschichte der Technik, 2. Heft, 1–85, Springer Verlag Wien 1934) und dem Artikel „Elements No. 70, 71 and 72: Discoveries and Controversies" von Helge Kragh, jetzt Professor an der Universität Aarhus (in C. H. Evans, ed., Episodes from the History of the Rare Earth Elements, 67–89, Kluwer Academic Publishers, 1996) zusammengefasst.

Auers Laufbahn bis 1905

Carl Auer von Welsbach studierte 1878 bis 1880 an der Technischen Hochschule in Wien und 1880 bis 1882 an der Universität Heidelberg. Er promovierte dort bei Robert Wilhelm Bunsen (1811–1899), in dessen Labor er alles kennen lernte, was ihn später zum Erfolg führte: die seltenen Erden als Hauptarbeitsgebiet, chemische Trennmethoden für verwandte Substanzen und die Spektralanalyse zur Kontrolle des Trennprozesses. Nach der Rückkehr nach Wien arbeitete er im Chemischen Universitätslaboratorium, wo Adolf Lieben (1836–1914) sein Mentor war. 1885 gelang Auer die Zerlegung des vermeintlichen Elementes Didym in zwei Elemente, die er Praseodym und Neodym nannte (Sitzungsberichte der Akademie der Wissenschaften 92 II, Wien 1885, 317–330). Schon 1883 hatte der tschechische Chemiker Bohuslav Brauner (1855–1935), ebenfalls ein Bunsen-Schüler, der bei Henry Roscoe (1833–1915) in Manchester gearbeitet hatte, die Vermutung geäußert, dass Didym aus zwei Komponenten bestehe (Journal of the Chemical Society, June 1883, 2–12). Es war ihm aber die Auftrennung nicht gelungen. Er war verärgert, dass er in Auers Arbeiten nicht erwähnt wurde, weshalb er später George Urbain unterstützte (vergleiche auch:

Sona Strbanova, Ignaz Lieben-Symposium 2006, http://www.zbp.univie.ac.at/ilg/textdokumente.html#2006).
1885 erfand Auer auch den Gasglühstrumpf, dessen industrielle Herstellung ihn zu einem wohlhabenden Mann
machte. 1894 erwarb er das Gut Rastenfeld in Kärnten und danach das ehemalige Eisenwerk Treibach. 1898 ließ
er die erste Metallfadenglühlampe patentieren und gründete in Treibach einen Forschungs- und Versuchsbetrieb.
1899 heiratete Auer und erbaute das Schloss Welsbach bei Rastenfeld mit einem privaten Forschungslabor. Ab
1900 beschäftigte sich Auer wieder mit der Zerlegung der Yttererden. Neben dieser Grundlagenforschung arbeitete
Auer weiter an seinen Erfindungen und deren industrieller Verwertung. 1903 wurde die Cer-Eisen-Zündsteinlegie-
rung patentiert. 1905 gelang die Zerlegung von Marignacs Ytterbium in zwei Elemente.

ZWEI NEUE ELEMENTE UND DER PRIORITÄTSSTREIT MIT GEORGE URBAIN (1905 BIS 1911)

Im März 1905 berichtete Carl Auer von Welsbach über „Die Zerlegung des Ytterbiums" (Anzeiger der Kaiserl.
Akademie der Wissenschaften. Mathem.-Naturw. Klasse, XLII, 1905, 122):

*Im Verlaufe der Untersuchungen, die ich auf dem Gebiete der seltenen Erden seit Jahren durchführe, gelang es mir
kürzlich den Nachweis zu erbringen, dass das von Marignac im Jahre 1878 entdeckte Ytterbium, dessen elementare
Natur auf Grund spektralanalytischer Beobachtungen in Zweifel gezogen worden ist* (Exner und Haschek, Sitzungsberichte der Kaiserl. Akademie der Wissenschaften. Mathem.-Naturw. Klasse, CVIII, IIa, 1899, 1123–1151), *in
der Tat ein zusammengesetzter Körper ist. Es besteht hauptsächlich aus zwei Elementen. Die Reindarstellung der beiden
neuen Körper gelingt bei richtiger Wahl der Trennungsmethoden verhältnismäßig leicht.*

Den Laborprotokollen des Jahres 1905 ist zu entnehmen, dass Auer von Welsbach die neu gefundenen Elemente Aldebaranium und Cassiopeium nannte und deren Atomgewichte bestimmte. Die Ergebnisse wurden
zunächst nicht veröffentlicht.

Im April 1906 legte Auer von Welsbach eine Arbeit „Über die Elemente der Yttergruppe" vor (Sitzungsberichte
der mathem.-naturw. Klasse der kaiserlichen Akademie der Wissenschaften, CXV IIb, Wien 1906, 737–747).
Darin beschrieb er die Methode der fraktionierten Kristallisation und spektralanalytische Befunde über die Zerlegbarkeit des Ytterbiums und schloss mit dem Satz:

*Ich habe es unterlassen, dieser Abhandlung Zeichnungen der verschiedenen Spektren beizugeben, weil ich in den
eingangs erwähnten Spezialarbeiten auf alle charakteristischen Spektren zurückkommen werde.*

Anfang Juni 1906 teilte Auer in einem Brief an die Firma Lenoir & Forster in Wien die Atomgewichte der
neuen Elemente mit. Die Firma gab Wandtafeln zum Periodensystem der Elemente heraus, verwendete aber die
Angaben Auers nicht gleich, sodass die Daten aus dem Brief nicht veröffentlicht wurden. Das Eingangsdatum des
Briefes wurde später notariell beglaubigt:

Schloss Welsbach   5. Juni 1906
Sehr geehrte Herren!
Mit Beziehung auf Ihr geschätztes Schreiben vom 26. Mai l(aufenden) *J*(ahres). *theile ich Ihnen im Folgenden die
gewünschten Daten über Ytterbium mit.*
       Ytterbium besteht aus Cassiopeum und Aldebaranium.
Cassiopeum = Cp = 174,28
Aldebaranium = Ad = 172,52
                        Hochachtungsvoll
                        Auer

Ende Juni 1906 schrieb Auer von Welsbach über die Anwendung von Funkenspektren bei Homogenitätsprü-
fungen (Liebigs Annalen der Chemie 351, 1906, 458-466, Lieben-Festschrift). Mit Hilfe eines selbst konstruierten Funkenapparates konnte er schöne Spektren erhalten und fotografieren.

Als Beispiel führte er die Untersuchung der Ytterbiumammoniumoxalate an:

*Als ich dann später, nach langwieriger Fortsetzung der Trennungsprozesse, die am weitesten voneinander abstehen-
den Ytterbiumfraktionen verglich, trat die völlige Verschiedenheit der beiden Spectren mit grosser Deutlichkeit hervor.*

George Urbain publizierte am 4. November 1907 (Comptes Rendus 145, 1907, 759–762) die Auftrennung
von Ytterbium in das neue Element „Lutecium", dessen Atomgewicht „nicht viel höher als 174" sein sollte und das
„Neo-Ytterbium" mit einem Atomgewicht „nicht weit von 170". Für Lutecium gab er 34 Spektrallinien zwischen
2700 und 3650 Å an.

Auer von Welsbach veröffentlichte am 19. Dezember 1907 (Sitzungsberichte der mathem.-naturw. Klasse der kaiserlichen Akademie der Wissenschaften, CXVI, IIb, Wien 1907, 1425–1469) die Zerlegung des Ytterbiums in zwei Elemente. Für das „Cassiopeium" gab er ein Atomgewicht von 174,23, für das „Aldebaranium" 172,90 an. Die Wellenlängentabellen enthielten auf 21 Seiten 84 Spektrallinien des Cassiopeiums und 256 des Aldebaraniums im Bereich von 2600 bis 6200 Å. Auf drei Tafeln wurden Fotos der Spektren abgebildet. Am Ende seiner Arbeit schrieb Auer:

Zur Abwehr gewisser Prioritätsansprüche, die man jüngst geltend zu machen versucht hat, sei mir noch eine kurze persönliche Bemerkung gestattet.

Die Zerlegung des Ytterbiums in zwei neue Elemente habe ich anfangs 1905 festgestellt. Im März desselben Jahres berichtete ich über diese Entdeckung an der kaiserl. Akademie der Wissenschaften in Wien. .... Dieser Bericht ging später in zahlreiche Fachzeitschriften über und gelangte so zur allgemeinen Kenntnis.

Diese Bemerkungen bezogen sich auf die Arbeit Urbains, die 3,5 Seiten lang war und nur geschätzte Atomgewichte und unvollständige Angaben zu den Spektren der neuen Elemente enthielt.

Urbain erwähnte in einer zweiten Arbeit über die Atomgewichte der neuen Elemente (Comptes Rendus 147, 1908, 406–408) den umfangreichen Artikel Auers als „kurze Notiz" und wies darauf hin, dass dieser nur die numerischen Angaben, die er selbst als erster gemacht hatte, wiederhole. In einem deutschen Artikel (Chemiker-Zeitung 32, 1908, 730) schrieb Urbain:

Weshalb „man"? Weshalb umgeht Auer von Welsbach mich zu nennen?..... man könnte nun fragen, warum er es unterlassen hat, eine Arbeit zu erwähnen, die, obgleich sie vor der seinigen veröffentlicht worden ist, gewiß gleichzeitig mit der seinigen ausgeführt worden war.

Im Jahre 1908 äußerte sich Auer nicht mehr zur Frage der Priorität.

Im Jänner 1909 wurde die Entscheidung des International Committee on Atomic Weights zugunsten der Priorität Urbains bekannt. Die Begründung war, dass er früher numerische Daten veröffentlicht hatte. Bis 1907 waren die vier Mitglieder des Atomgewichts-Komitees Frank W. Clarke (USA), Wilhelm Ostwald (Deutschland), Thomas E. Thorpe (England) und Henri Moissan (Frankreich). Nach dem Tode Moissans im Jahre 1907 wurde George Urbain sein Nachfolger im Komitee. Die von ihm für die neuen Elemente vorgeschlagenen Namen wurden mit kleinen Änderungen angenommen: Lutetium Lu (statt Lutecium) und Ytterbium Yb (statt Neoytterbium).

Auer von Welsbach war über diese Entscheidung sehr verbittert, was man seinem Artikel „Zur Zerlegung des Ytterbiums" (Sitzungsberichte der mathem.-naturw. Klasse der kaiserlichen Akademie der Wissenschaften, CXVIII, IIb, Wien 1909, 507–512 und Beilagen I-VI) entnehmen kann. Dort schrieb er:

Angesichts der Beharrlichkeit, mit der Herr G. Urbain die Priorität der Entdeckung der Ytterbiumelemente für sich in Anspruch zu nehmen sucht und in Anbetracht des Erfolges, den seine Bemühungen bisher bei einigen Fachgenossen gehabt haben, sehe ich mich veranlasst, diese „Frage" noch einmal aufzurollen und an Hand der vorliegenden Publikationen in ausführlicher Weise den wahren Sachverhalt darzulegen. .... Nach alldem, was ich über die Zerlegung des Ytterbiums bekanntgemacht habe, durfte ich wohl mit Recht annehmen, dass man mir zur gründlichen Ausarbeitung dieser mit unendlicher Mühe und großen Kosten verbunden gewesenen Entdeckung auch die nötige Zeit lassen werde. ......

Da veröffentlichte G. Urbain anfangs November seine erste Notiz:........ Diese Arbeit, die nach keiner Richtung hin abgeschlossen ist, trägt ersichtlich den Stempel der Eilfertigkeit an sich. .... Daß Herrn Urbain zur Zeit seiner ersten Veröffentlichung die wirkliche Zerlegung des Ytterbiums noch nicht geglückt war, steht nach den obigen Ausführungen fest. Demzufolge lag auch gar kein Grund vor, die stark verunreinigten Spaltungsprodukte, die naturgemäß jede Prüfung auf Homogenität ausschlossen, mit neuen Namen und Symbolen auszustatten.

George Urbain schrieb in einer „Erwiderung an Herrn Auer v. Welsbach"(Zeitschrift für Anorganische Chemie 68, 1910, 236–242):

Wenn es zutreffend ist, dass wir beide, Herr Auer v. Welsbach und ich, unabhängig voneinander seit mehreren Jahren dieselbe Frage studieren, wie ich dies schon in meiner ersten Notiz bemerkt habe, so ist es nicht minder wahr, dass ich der **erste** *war, welcher die numerischen Resultate angegeben hat, welche die neuen Elemente klar charakterisieren, und zwar nicht nur was ihre Atomgewichte anbetrifft, sondern auch was ihre verschiedenen Spektren anbelangt. Da diese Mitteilung des Herrn Auer v. Welsbach nur die früher veröffentlichten Ergebnisse in einer präzisen Weise bestätigen, wie er es vorher nicht in der Lage war zu tun, war es nicht angängig, neue Namen den schon benannten Elementen Lutetium und Neoytterbium beizulegen. .... Die Mitteilung enthielt eine neue Beschreibung – aber*

*viel mehr detailliert als die meinige – des Lutetiums und Neoytterbiums, und zwar unter den Namen Cassiopeium und
Aldebaranium. Zum ersten Male gab hier Herr Auer von Welsbach die Zahlenwerte und Spektraleigenschaften an, auf
die er vorher nur unbestimmte Anspielungen machte, viel zu ungenügend, um die wirkliche Priorität zu begründen.
...................*

*Es bleibt also von dem Artikel des Herrn Auer v. Welsbach nichts mehr übrig, als Betrachtungen, die zu verstehen
mir schwer fallen, es sei denn, dass er so weit geht, mich eines bloßen Abschreibens zu beschuldigen.
..........es wäre in der Tat des Herrn Auer v. Welsbach unwürdig, gegen einen Kollegen eine solche Beschuldigung
auszusprechen und dazu in einer zweideutigen Form....*

Auer von Welsbachs Freunde versuchten, ihn bezüglich der Anerkennung seines Prioritätsanspruches zu unterstützen. Professor Franz Wenzel vom 1. Chemischen Universitätslaboratorium in Wien hatte schon 1909 eine Notiz „Zur Spaltung des Ytterbiums" veröffentlicht (Zeitschrift für Anorganische Chemie 64, 1909, 119–120), in der er darauf hinwies, dass Auer ihm und der Firma Lenoir & Forster schon 1906 die genauen Atomgewichte der neuen Elemente mitgeteilt hatte. Diese Mitteilung war keine allgemein zugängliche Publikation und wurde daher von der Atomgewichtskommission nicht berücksichtigt.

Adolf Lieben und der Fotochemiker Josef Maria Eder (1855–1944) trafen im Jänner 1910 Wilhelm Ostwald und informierten Auer über ihre Gespräche mit ihm:

Lieben an Auer

27. Jänner 1910

*......Kürzlich habe ich mit Ostwald in Ihrer Angelegenheit gesprochen; er ist offenbar in einiger Verlegenheit seine
Nachgiebigkeit gegen Urbain zu rechtfertigen. Vielleicht wäre es gut, wenn Sie ihm selbst in dieser Sache (nach Gross-
Bothen im Kgr. Sachsen) schreiben und zugleich einen Separatdruck einsenden wollten. Es wäre gut, auch an Clarke
und Thorpe Separata zu schicken.*

Eder an Auer   *27. Jänner 1910*

*Gestern hatte ich in einer Gesellschaft Gelegenheit mit Geheimrat Ostwald über den Beschluß der Atomgewichts-
kommission betreffs der Urbain'schen und Ihrer Bezeichnung der Ytterbium-Elemente zu sprechen und den Standpunkt
zu vertreten, dass Ihnen das Recht der Elementbezeichnung gewährt werden solle.*

*.... Er gab deutlich zu verstehen, dass er einen Brief Ihrerseits erwarte, wenn Sie in dieser Angelegenheit etwas
wünschen.*

*Ich erlaube mir, geehrter Herr Baron anzuraten, in einem persönlichen Schreiben an Professor Ostwald Ihren
Standpunkt auseinanderzusetzen und vielleicht ihn in irgend einer Form zu ersuchen, denselben in der Atomgewichtskommission zu vertreten.*

*Ostwald sagte mir ferner, dass er leider nur einen beschränkten Einfluß in dieser Kommission habe und dass es
sehr empfehlenswert wäre, wenn Sie sich mit Clarke in Washington brieflich in Verbindung setzen würden. Ostwalds
selbst sei Ihnen gerne persönlich entgegengekommen, indem er in seinem Grundriß der Chemie, der vor 1 bis 2 Jahren
erschienen ist, Ihre Bezeichnungen Aldebaranium und Cassiopeium gebraucht habe.*

*Nebenbei bemerkt findet Ostwald diese Bezeichnungen unschön und schwer auszusprechen, was namentlich
mit Rücksicht auf den Umstand, dass die Elementennamen noch mit anderen Namen kombiniert werden müssen, unpraktisch sei.*

Auer von Welsbach befolgte den Rat seiner Kollegen und schrieb zunächst an Wilhelm Ostwald:

5. Februar 1910

Hochverehrter Herr Geheimrat!

*Vor kurzem habe ich mir erlaubt, Ihnen einen Separatabdruck „Zur Zerlegung des Ytterbiums" einzusenden. In
dieser Schrift habe ich den Nachweis zu führen unternommen, dass die Priorität der Zerlegung des Ytterbiums nicht
Urbain, sondern mir gebühre. Ich bitte Sie Herr Geheimrat diese kurz gehaltene Darlegung einer Durchsicht zu unter-
ziehen und, falls Sie, wie ich annehme, den von mir eingenommenen Standpunkt billigen, der Atomgewichtscommissi-
on die Richtigstellung der im Vorjahre ausgegebenen Liste nahe legen zu wollen.*

Genehmigen Herr Geheimrat den Ausdruck aufrichtiger Verehrung von Ihrem ergebensten

Auer

An die Mitglieder der Atomgewichtskommission Frank W.Clarke und Thomas E. Thorpe sandte Auer ebenfalls die Separatabdrucke seiner Arbeiten. Aber die Kommission änderte ihren Standpunkt nicht. Auer hatte zwar Atomgewichte früher und genauer bestimmt als Urbain, sie aber erst im Dezember 1907 veröffentlicht. Die Kritik Auers an den von Urbain veröffentlichen Spektraldaten wurde auch erst später als berechtigt erkannt.

Im Jänner 1911 kündigte Urbain an, er habe bei der Fraktionierung des Lutetiums ein neues Element in der Reihe der seltenen Erden entdeckt und nannte es „Celtium" (Comptes Rendus 152, 1911, 141–143). Er gab einige Spektrallinien an, konnte aber wegen der geringen Substanzmenge kein Atomgewicht bestimmen. Kurz vor dem Ausbruch des ersten Weltkrieges untersuchte Moseley eine Probe von Urbains Celtium, konnte aber im Röntgenspektrum nur Lutetium und Neoytterbium finden. Die Probe enthielt neben den Elementen mit der Ordnungszahl 70 und 71 kein Element 72.

DIE ZEIT NACH DEM ERSTEN WELTKRIEG (1922 BIS 1930)

Nach dem Krieg, in dem Moseley gefallen war, wurde die Röntgenspektroskopie weiterentwickelt. 1922 versuchten Alexandre Dauvillier und George Urbain die Existenz von Celtium als Element 72 durch zwei schwache Linien im Röntgenspektrum (Comptes Rendus 174, 1922, 1347–1349 und 1349–1351) zu bestätigen. Niels Bohr kam auf Grund seiner neuen Atomtheorie zu dem Schluss, dass Celtium nicht zu den seltenen Erden gehören könne und die Interpretation der beiden Franzosen falsch sei. Friedrich Paneth schlug im Sommer 1922 in einem Artikel über das Periodensystem vor (Ergebnisse der exakten Naturwissenschaften 1, 1922, 362–402), das Element 72 in die vierte Hauptgruppe einzureihen und nach ihm in Erzen des homologen Zirkons zu suchen. Bohr fand für diese Aufgabe zwei Mitarbeiter, den holländischen Physiker Dirk Coster, der als Röntgenspektroskopiker bei Manne Siegbahn in Upsala und Lund arbeitete und den ungarischen Physikochemiker George von Hevesy aus seinem eigenen Institut, der vor dem Weltkrieg mit Paneth am Radiuminstitut in Wien gearbeitet hatte. Bohr schrieb darüber an Auer:

5. Juli 1922
Die Kenntnis der Eigenschaften der seltenen Erden hat sich für die Lehre des Atombaus und fürs Verständnis des periodischen Systems von allergrößter Bedeutung erwiesen. So ist wohl verständlich, dass wir alle, die sich mit diesen Fragen beschäftigen, eine besondere Dankbarkeit diesen Herren gegenüber empfinden, deren glänzenden Untersuchungen wir unsere Kenntnis der Eigenschaften der seltenen Erden verdanken, und sicherlich in erster Linie Ihnen gegenüber. Auch die bedeutenden Untersuchungen über das Röntgenspektrum der seltenen Erden, die Dr. Coster vor kurzem in Lund ausführte, war nur dadurch möglich, dass Sie auf gütigste Weise ihm bzw. Prof Siegbahn Ihre einzigartigen Präparate zur Verfügung gestellt haben.................Alle seltenen Erden sollen röntgenspektroskopisch untersucht werden, ein besonderes Interesse knüpft sich aber an das Element mit der Nummer 72. Nach einer neueren Veröffentlichung von Urbain und Dauvillier sollen diesem Element sehr ähnliche Eigenschaften wie dem Ytterbium zukommen, doch bedarf diese Frage noch einer näheren Untersuchung, und wir wären Ihnen für Präparate, die das fragliche Element mit enthalten könnten zu ganz besonderem Dank verpflichtet.

Die Suche nach dem Element 72 war bald erfolgreich. Schon im Jänner 1923 berichteten Coster und Hevesy über ein neues Element der 4. Hauptgruppe (Nature 111, 1923, 79), das den Namen Hafnium erhielt. Coster schrieb darüber an Auer:

24. Januar 1923
Sehr geehrter Freiherr Auer von Welsbach
....
Professor Bohr hat Ihnen schon geschrieben, dass man aus seiner Theorie schliessen muss, dass das Element 72 ein vierwertiger Zirkonhomolog sei.
Neuerdings ist es nun auch Hevesy und mir gelungen, in Zirkonpräparaten das Element 72 nachzuweisen, und wir sind schon so weit gekommen, dass wir recht konzentrierte Präparate von 72 darstellen haben können. Eine erste Publikation ist bereits in Nature vom 20. Januar veröffentlicht worden. Es ist Ihnen vielleicht nicht unbekannt, dass Dauvillier behauptet hat (Comptes Rendus Mai 1922), das Element 72 in einem Gemisch von seltenen Erden röntgenspektroskopisch festgestellt zu haben. Urbain hat dieses Element dann weiter mit einem Element identifiziert, dessen Anwesenheit im selben Präparat er schon früher mittels optischer und magnetischer Untersuchungen behauptet kons-

tatiert zu haben. Wir haben nun zeigen können, dass sowohl Dauvilliers wie Urbains Arbeit zu unrichtigen Schlüssen geführt haben.

Urbain war überzeugt, dass das neue Element Hafnium jenes sei, welches er schon 1911 isoliert und Celtium genannt hatte. Dies sei auch 1922 durch zwei Linien im Röntgenspektrum bewiesen worden. Die Dokumentation seiner Untersuchungen war zu unvollständig, um die Existenz von Celtium zu stützen. In Bohrs Institut wurde 1923 gefunden, dass Urbains Celtium-Spektrum aus dem Jahre 1911 weitgehend mit dem optischen Spektrum von Auers Cassiopeium aus dem Jahre 1907 übereinstimmte. So begann wieder der Prioritätsstreit um das Element 71. Auer von Welsbach schrieb im Februar 1922 an Dirk Coster:

Schloss Welsbach am 27. Februar 1922
Herrn Dr. Coster
Kopenhagen
Blegdamsvej 15

Sehr geehrter Herr Doktor!
......
Ihre Mitteilung über die Auffindung des Elementes 72 hat mein lebhaftestes Interesse erweckt. ....
Was die Prioritätsfrage hinsichtlich der Zerlegung des Ytterbiums betrifft, wäre es mir sehr wünschenswert, wenn sie nochmals aufgeworfen und geprüft würde. Urbain hatte Sitz und Stimme in der internationalen Atomgewichtskommission und so war es ihm ein Leichtes meinen Anspruch auf die Namensgebung als nicht berechtigt hinzustellen. Man soll aber nicht Richter sein in eigener Sache. Es ist nicht Eitelkeit sondern verletztes Rechtsgefühl, was mich bewegt, diese Frage nochmals zur Discussion zu stellen.
Meinetwegen könnte man den beiden Elementen was immer für Namen geben, nur die von Urbain gewählten nicht. Es wäre, nebenbei gesagt, vielleicht gar nicht unzweckmäßig eine Umbenennung vorzunehmen, da die von mir gewählten Bezeichnungen ohnehin etwas schwerfällig sind. Man könnte z.B. das Cassiopeium kurz Capium u. das Aldebaranium Aldium nennen; beide aber mit den alten Symbolen.

Die Idee, die ursprünglich von ihm vorgeschlagenen Namen zu vereinfachen, geht vielleicht auf die frühere Bemerkung Wilhelm Ostwalds zurück, die von Auer gewählten Elementnamen seien „unschön und schwer auszusprechen" und für die Bildung der Namen von Verbindungen unpraktisch.
Im März 1923 schrieb Coster an Auer:

27. März 1923
Es scheint uns jetzt, dass es für den Gebrauch des von Urbain vorgeschlagenen Namens des Elementes 71 nur den einen Grund geben kann, dass dieser Name nun einmal von der „internationalen" sowie von der deutschen Atomgewichtskommission akzeptiert ist. Es ist aber die Frage, ob dieser Grund auf die Dauer genügt .....
Wir werden dafür Sorge tragen, dass das Problem der Elemente 70, 71 und 72 bald auch in den deutschen Zeitschriften eingehend diskutiert wird.

Auer von Welsbach entwarf einen Artikel „Über Lutetium und Cassiopeium" und schrieb an Hevesy:

7. Juni 1923
Die Entdeckung des Elementes mit der Atomnummer 72, dem seine Entdecker D. Coster und G. v. Hevesy den Namen Hafnium gegeben haben, hat zu einem Streit mit G. Urbain geführt, der für dieses Element einige Zeit früher den Namen Celtium vorgeschlagen hatte. Im Verlaufe dieses Streites, der schließlich auch das Element No. 71, von Urbain Lutetium (Lu) von mir Cassiopeium (Cp) benannt, in seinen Bereich zog, kamen so überraschende Tatsachen ans Licht, dass ich mich veranlasst sehe, nochmals die Frage aufzuwerfen, welchen Namen das Element No. 71 in Zukunft zu führen habe..........
Aus diesen Tatsachen geht hervor, dass Urbain zur Zeit seiner ersten Veröffentlichung im Jahre 1907 es nur mit ganz unreinem Cp zu tun haben konnte und dass es ihm erst 1911 gelungen war, reineres Cp herzustellen.

Die Internationale Atomgewichtskommission unter dem Vorsitz von Urbain vermied Anfang der Zwanzigerjahre die Anerkennung des Hafniums. Da Deutschland nach dem Weltkrieg von dieser Kommission ausgeschlossen war, gab es eine Deutsche Atomgewichtskommission unter dem Vorsitz von Otto Hönigschmid. Zu ihm hatte Auer von Welsbach Kontakt, was er Hevesy in einem Brief mitteilte:

25. Juni 1923

Ich beeile mich Sie zu benachrichtigen, dass ich von Prof. O. Hönigschmid, dem Vorsitzenden der Deutschen Atomgewichtskommission kürzlich ein Schreiben erhalten habe, in welchem er mir unter anderem mitteilt, dass ihm der Vorschlag Prof. Bohr's, die Yb-Elemente in Zukunft mit Cp und Yb zu bezeichnen, sehr sympathisch wäre und dass er bereit sei, diese Änderung in der nächsten Atomgewichtstabelle vorzunehmen............ Ich bin der Ansicht, dass unter diesen Umständen das Erscheinen des Artikels (dessen Entwurf Auer am 7. Juni an Hevesy geschickt hatte) kaum mehr nötig ist. ...dies wäre mir ferner auch lieb, weil ich damit Urbain, meinem alten Gegner, der durch die Kopenhager Veröffentlichungen ohnehin schwer getroffen worden ist, schonen würde.

Hevesy reagierte in der Antwort auf diesen Brief Auers in vorsichtiger Weise:

Universitetets Institut for Teoretisk Fysik, Blegdamsvej 15, København
30. Juni 1923
Hochverehrter Baron Auer!
Ihr freundlicher Brief vom 25. Juni erreicht mich soeben......
Nachdem die Deutsche Atomgewichtskommission die Nomenklaturfrage nunmehr im Sinne Ihres Vorschlages (Cp und Yb) lösen will, so ist es vielleicht überflüssig, den entworfenen Brief zu veröffentlichen....... Prof. Bohr legt begreiflicher Weise besonderes Gewicht darauf, dass es keineswegs den Anschein haben soll, wie wenn der Vorschlag der Änderung der Nomenklatur von ihm herrühren würde. Einen solchen Vorschlag kann nur entweder der Entdecker des Elementes machen, also Baron Auer, oder der Vorschlag kann spontan von der Atomgewichtskommission ausgehen. Die letztere kann dann wohl als Unterlage die Wahrnehmungen benützen, die hier im Institut gemacht worden sind. Wir sind hier alle in hohem Maße daran interessiert, dass die Gerechtigkeit siegen soll, aber niemand kann sich hier anmaßen einen solchen Vorschlag zu machen, welche Nomenklatur von anderen benützt werden soll. Wir benützen bereits jetzt stets die Nomenklatur Cp, Yb, ohne damit anderen Leuten vorschreiben zu wollen, welche Nomenklatur sie benützen sollen.

Im Juli 1923 schrieb Otto Hönigschmid an Auer:

Chemisches Laboratorium des Staates, München, Arcisstrasse 1, 12. Juli 1923
Hochgeehrter Herr Baron!
........Ich freue mich, dass Sie mit dem Nomenklaturvorschlag Yb und Cp einverstanden sind und ich werde in der deutschen At.Gew.Kommission vorschlagen, im nächsten Bericht die Prioritätsfrage völlig klarzulegen und diese Nomenclatur zu acceptieren. Ich wäre Ihnen sehr dankbar, wenn Sie mir alle auf die Ad-Cp-Frage bezüglichen Separata Ihrer Arbeiten senden könnten, da mir dadurch die Zusammenstellung meines Berichtes wesentlich erleichtert würde......

Im September 1923 wurde ein Artikel Bohuslav Brauners veröffentlicht (Chemistry and Industry, 42, 1923, 884–885). Unter dem Titel „Hafnium or Celtium?" schrieb Brauner:

Sir, - According to my opinion, one of the most important questions is whether the element possessing the Moseley No. 72 is to be called Celtium or Hafnium. Having devoted forty-six years to the theoretical and practical study of the elements of the rare-earth series (I was introduced to it in Bunsen's laboratory in 1878), I think that I am enabled to add something to the elucidation of the question. ....

My opinion is that Prof. Urbain is the real discoverer of celtium and that there is no hafnium. - I am, Sir, etc. Prof. Bohuslav Brauner, The University, Prague.

In seinem Brief vom 30. Juni hatte Hevesy eine Einladung nach England erwähnt, die er dann auch annahm. Über seinen Aufenthalt in England, der im September stattfand, berichtete er Auer im Oktober, als er Urlaub in Ungarn machte. Er nahm auch auf den Artikel Brauners Bezug.

Budapest V, Nador u. 19, 1923 16. Okt.
Hochverehrter Herr Baron Auer,

....

Seit zehn Jahren bin ich nicht mehr in England gewesen und es war eine große Freude viele meiner alten Freunde wieder zu sehen und so herzlich empfangen zu werden. Diesmal war Rutherford Präsident des Kongresses (British Association for the Advancement of Sciences, Liverpool), der in seiner Eröffnungsrede einen wunderschönen Überblick der

Entwicklung der Atomphysik seit der Entdeckung der Röntgenstrahlen gab. Später weilte ich auf Besuch in Cambridge bei Rutherford, wo ich gesprächsweise erwähnte, dass Sie vorhatten, über die Entdeckung des Cassiopeiums einen Brief in „Nature" und „Naturwiss." zu veröffentlichen, welche Mitteilung Rutherford sichtlich zu interessieren schien.... Im Cambridger Laboratorium sind eine große Anzahl wunderbarer Arbeiten im Gange. Unter anderem untersucht dort Aston die Zusammensetzung der Elemente aus Isotopen. Vor kurzem hat er Scandium und Yttrium untersucht und will bald mit den seltenen Erden beginnen. Scandium bekam er von Urbain, er hat aber viel mehr Vertrauen zu Ihren Präparaten und frug mich ob Sie ev. solche zu seiner Verfügung stellen würden... ...

Herr Coster hat sich vor seiner Abreise aus Kopenhagen mit den Untersuchungen des Tu beschäftigt und ein Mitarbeiter von ihm, der Japaner Dr. Nishina ist dank Ihrer Präparate damit beschäftigt Röntgenabsorptionslinien aufzusuchen. Diese und ähnliche Daten sind von allergrößter Bedeutung für die nähere Beleuchtung des Aufbaus der Atome......

Die Hafniumuntersuchungen schreiten gut fort..... Während Herr Urbain sich bis jetzt darauf beschränkt hat in den Comptes Rendus in verschiedenen Abhandlungen seine Priorität zu verteidigen, ging er vor kurzem dazu über, uns auch in der Englischen „Industry and Chemistry" anzugreifen. Dabei leistet ihm ein Unbekannter, im Namen der Redaktion Hilfe in der Form einer „Zusammenfassung" und endlich Herr Bohuslav Brauner. Der letztere leitet seinen „Brief" so ein, wie wenig chemisches Verständnis bedeutende Physiker haben können, geht daraus hervor, dass Coster und ich von Aldebaranium und Cassiopeium schreiben, obwohl die Internat. At. Gew. Kommission unter dem Vorsitz Ostwalds bereits vor 10 Jahren beschlossen hat, dass es diese Elemente nicht gibt, sondern Lutetium u.s.w. Dann eine Reihe von Angriffen, die ebenso dumm wie unverschämt sind, dass sie in sich zusammenfallen. Es endet so, dass es ganz klar ist, Urbain hätte das Element 72 entdeckt und Hafnium existiert nicht. Wir haben auf keinen dieser Angriffe geantwortet. Übrigens ist in derselben Nummer der Zeitschrift in welcher Brauners Brief steht, Rutherfords Eröffnungsrede abgedruckt, aus welcher Herr Brauner ersehen kann, dass es doch noch Menschen gibt, für die Hafnium existiert.

.....Wie wir übrigens die Paris-Prager Angriffe besprochen haben, bemerkte er (Bohr) - und er hatte wie stets auch diesmal Recht – dass hier gar nicht für die Priorität der Entdeckung des Elements 72, sondern des Elements 71 gekämpft wird. Wenn Urbain seinen Irrtum mit dem Element 72 zugibt, damit fällt sein Prioritätsanspruch bezüglich dem Element 71 automatisch zusammen. Herr Bohr ist jetzt in Amerika, wo er eine Reihe von Vorträgen hält, im Februar kommt er zurück nach Europa.

Nach der Rückkehr aus dem Urlaub in Ungarn schrieb Hevesy aus Kopenhagen an Auer:

10. November 1923

Auf der Rückreise durch Berlin hatte ich Gelegenheit mit verschiedenen Fachgenossen, darunter auch mit Mitgliedern der Atomgew. Kommission über die Cassiopeium Frage zu sprechen und machte dabei die Wahrnehmung, dass ihnen nicht alle Einzelheiten der Diskussion bekannt sind. Falls Ihnen eine vollständige Sammlung Ihrer diesbezüglichen Publikationen noch zur Verfügung steht, so würde ich Sie im Namen der genannten Herren bitten, womöglich ein Exemplar an Prof. Otto Hönigschmid, München und ein Exemplar an Prof. Otto Hahn, Berlin-Dahlem, Kaiser-Wilhelm Institut für Chemie zu senden, der dann das Exemplar (d.h.die ganze Sammlung) seinen Kollegen in der Atomgew. Kommission, die alle in Berlin wohnen, weitergeben würde.

....

Äußerung des Präsidenten der Chemischen Gesellschaft in London: „Bezüglich dem Namen Hafnium werden wir wohl noch manches zu bemerken haben. Wir halten am Namen Celtium fest, den ihm die Franzosen gegeben haben. Die große Französische Nation war unser treuer Verbündeter während des Krieges, während die Dänen sich nur Vorteile im Kriege erworben haben". Diese Äußerung wurde mir von meinem Freunde als vertraulich mitgeteilt. Wie geht es in der Politik zu, wenn es schon in der Wissenschaft so zugeht! Glücklicherweise sind die großen englischen Naturforscher umso vernünftiger und Rutherford äußerte sich uns gegenüber, die Diskussion Celtium - Hafnium wäre keine wissenschaftliche, sondern eine rein politische.

Es ist übrigens ganz unterhaltend die Ereignisse zu verfolgen. Herr Bohuslav Brauner wurde wenige Wochen nachdem er seinen wilden Angriff auf uns gerichtet hat zum Ehrenmitglied der Chemischen Gesellschaft in Paris gewählt usw. usw.

In seinem Antwortbrief schrieb Auer:
16. November 1923
....

Hafnium ist also ein Politikum geworden. Man sollte so etwas gar nicht für möglich halten.

Betreffs Cp habe ich zu bemerken, dass ich schon vor einigen Monaten an Hönigschmid alle meine auf Yb bezüglichen Veröffentlichungen gesandt habe. Er wird, wie er mir seinerzeit geschrieben hat, darüber an die Deutsche Atomgewichts-kommission, deren Vorsitzender er ist, berichten. Im Anschluss an einen Vortrag über Hf hat Hönigschmid kürzlich auch die Cp-Frage gestreift und sie ganz in unserem Sinne entschieden. Ich denke die Sache ist auf dem rechten Wege.

Im Jänner 1924 informierte Hevesy Auer über den Stand des Hafnium-Celtium Streites, der ja mit Auers Cassiopeium zusammenhängt:

5. Jänner 1924

Ich höre, dass die Deutsche Atomgewichtskommission sich in ihrem Bericht mit der Cp Frage ausführlich beschäftigt und sehe mit viel Interesse dem baldigen Erscheinen des Berichtes entgegen.

Der Hafnium Streit hat noch immer nicht aufgehört. In seiner kürzlich erschienenen Arbeit macht Dauvillier nur noch Anspruch 1/10000 Teil „Celtium" in Urbains Cassiopeium gefunden zu haben. Urbain stellt sich auf den Standpunkt, wir müssten beweisen, er hätte kein Celtium in seinem Präparat gehabt. Noch nie hat man von jemandem verlangt, er möge beweisen, ein anderer hätte eine minimale Verunreinigung eines bestimmten Stoffes in seinem Präparat nicht haben können. Es ist aber ganz lustig, dass wir sogar diesem gänzlich unbilligen Verlangen zufällig entsprechen können. Es zeigt sich nämlich, dass bei der Trennung des Zirkons von den seltenen Erden mit Oxalsäure das Hafnium - wie fast stets so auch hier - treu dem Zirkon folgt und falls eine minimale Trennung des Zr vom Hf stattfindet, so wird relativ mehr Zirkon mit den seltenen Erden mitgerissen als Hafnium. Urbain behauptet nun sein Präparat wäre vollständig Zirkonfrei gewesen und nur mit Oxalsäure gereinigt - dann muss es - eo ipso — Hafnium-frei gewesen sein.

In ihrem vierten Bericht sprach sich die Deutsche Atomgewichtskommission 1924 für den Namen Cassiopeium aus, da Auer nach seinen Ankündigungen von 1905 und 1906 im Jahre 1907 das neue Element 71 wesentlich reiner dargestellt und vollständiger charakterisiert hatte als Urbain (Berichte der Deutschen Chemischen Gesellschaft 57 B, 1924, I–XXXVI). Otto Hönigschmid, Otto Hahn, Max Bodenstein und Richard Mayer unterzeichneten den Bericht. Das Element 70 sollte zur Erinnerung an Marignac weiter Ytterbium heißen. Viele Jahre lang, beginnend mit dem Nobelvortrag Bohrs, verwendeten skandinavische und deutsche Physiker den Namen Cassiopeium. In der chemischen Literatur wurde dagegen der Name Lutetium verwendet.

So wie Bohuslav Brauner 1923 in „Chemistry and Industry" Urbains Elemente Lutetium und Celtium verteidigt hatte, setzte sich Urbain 1925 für die Verdienste Brauners bei der Erforschung der Seltenen Erden ein (Recuil des Travaux Chimiques des Pays-Bas 44, 1925, 281–295) und bezeichnete ihn dort als „wahren" Entdecker der Elemente Neodym und Praseodym. In diesem Zusammenhang schrieb der Vorstand des Chemischen Institutes der Universität Graz Anton Skrabal (1877–1957) an Auer von Welsbach:

3. Juni 1925

Sehr verehrter Herr Baron!

....

Ich habe es darum so eilig, weil Ihre Ehrung seitens der Grazer Universität eine Antwort sein soll auf den giftgeschwollenen Artikel von G. Urbain in den Rec. Trav. Chim. vom Mai 1925, der Ihrer Aufmerksamkeit nicht entgangen sein wird.

Die angesprochene Ehrung war die Verleihung des Ehrendoktorats der Universität Graz an Auer von Welsbach, die dann am 3. Juli 1925 erfolgte.

Auer antwortete auf Skrabals Brief:

8. Juni 1925

Sehr verehrter Herr Professor!

....

Den Artikel Urbains habe ich nicht gelesen. Er interessiert mich auch nicht. Dass sich Urbain nach der fürchterlichen wissenschaftlichen Abfuhr, die ihm die Celtiumgeschichte eingetragen, nicht für immer ruhig verhalten werde, war vorauszusehen. Französische Eitelkeit treibt ja immer wieder neue Blüten, heute mehr denn je.

Skrabal schrieb daraufhin:

9. Juni 1925
Ihre Uninteressiertheit an dem Artikel Urbain's ist eine vornehme Antwort auf denselben. Immerhin ist der Artikel ein Dokument, das – wenn die Menschheit wieder einmal gelernt haben wird, ruhig und sachlich zu urteilen – Zeugnis geben wird von der Mentalität der Franzosen und der von ihnen angehimmelten tschechischen Freunde.

Ein ähnliches Dokument ist der Bericht der „internationalen" Atomgewichtskommission vom 12. Februar 1925. Wie die Katze um den Brei, so geht diese Kommission um die Prioritätsfragen Cassiopeium – Lutetium und Hafnium – Celtium herum. Nachdem sie nun doch einmal Stellung nehmen wird müssen, welcher hochnotpeinlichen Sache sie im Bericht für 1925 ausgewichen ist, kann man auf diese Stellungnahme einigermaßen gespannt sein.

Die Kontroverse um Hafnium-Celtium ging weiter. So schrieb Hevesy an Auer:

10. Juni 1925
Ich habe mir erlaubt einen Sonderabdruck über Hafnium zuzuschicken, den ich in Französischer Sprache veröffentlicht habe, um es den Kollegen des Herrn Urbain zu ermöglichen, den Sachverhalt kennen zu lernen, da das Hafnium in Frankreich und einigen anderen Ländern noch immer auf schärfste Opposition stößt.

Auer antwortete Hevesy:

10. Juli 1925
……Ihrer Hafnium Monographie gegenüber wird nun auch der französische Eigendünkel sich bequemen müssen Ihre Priorität anzuerkennen.

Wie ich von befreundeter Seite höre, soll Urbain in jüngster Zeit auch gegen mich einen „giftgeschwollenen" Artikel losgelassen haben; ich hätte ihn mir verschaffen können, aber ich interessiere mich nicht dafür.

Erst nach dem Tode Auer von Welsbachs im August 1929 nahm die reorganisierte Internationale Atomgewichtskommission den alleinigen Namen „Hafnium" für das Element 72 an, behielt aber den Namen „Lutetium" für das Element 71 bei (Journal of the American Chemical Society 53, 1931, 1627).

Schlussbemerkungen

Die Zerlegbarkeit von Marignac's Ytterbium in zwei Komponenten wurde zwar um 1900 vermutet, es gab aber keine theoretische Begründung, da die Stellung der seltenen Erden im Periodensystem noch unklar war. Auer von Welsbach und Urbain gelang die Auftrennung des Ytterbiums in die Elemente 70 und 71 mit Methoden der klassischen Chemie, wobei sie physikalische Methoden wie die Spektralanalyse nur zur Überprüfung des Trennvorganges benützten. Im Gegensatz dazu gelang die Entdeckung des Elementes 72 durch Anwendung der neuen Röntgenspektroskopie und der Atomtheorie von Niels Bohr, welche das Element 71 als letztes der seltenen Erden im Periodensystem charakterisierte und das Element 72 dem Zirkon zuordnete. Die neuen Methoden zeigten aber auch, dass 1907 Auer von Welsbachs Präparate des Elementes 71 wesentlich reiner waren als jene Urbains.

Der Prioritätsstreit der sich über etwa zwei Jahrzehnte erstreckte, entstand, weil Urbain, der unabhängig von Auer an der Trennung des Ytterbiums arbeitete, in seiner Veröffentlichung im Jahre 1907 die Kennzahlen der dabei erhaltenen Elemente 70 und 71 beschrieb, während es Auer in seinen Veröffentlichungen, die 1905 und 1906 erschienen waren, nicht getan hatte. Allerdings veröffentlichte Auer einen Monat nach Urbain die Kennzahlen der beiden Elemente (Spektren und Atomgewichte), die genauer waren als jene Urbains. Bei dem Prioritätsstreit ging es auch um die Namen der beiden Elemente 70 und 71, die isoliert worden waren.

Die Auseinandersetzung, die sachlich begann, wurde bald ein persönlicher Streit, in dem auch nationalistische Gedanken zum Ausdruck kamen, besonders nach dem ersten Weltkrieg. Eine Kommission, in der keine Vertreter Deutschlands oder Österreichs zugelassen waren, entschied, die von Urbain vorgeschlagenen Namen beizubehalten. Die Veröffentlichungen Auers aus den Jahren 1905 und 1906 wurden nicht berücksichtigt. Im Gegensatz dazu akzeptierten deutsche und skandinavische Chemiker und Physiker die von Auer gewählten Namen. Später konnten sich die Namen Ytterbium und Lutetium durchsetzen. In der Kritik an Urbain wurde von „französischer Eitelkeit" gesprochen. Die nationalistischen Gedanken kamen noch viel mehr zum Ausdruck bei den Auseinandersetzungen zwischen Coster und Hevesy, den Entdeckern von Hafnium als Element 72 und Urbain, der annahm, dass das Element 72 zu den seltenen Erden gehört. Auch in den Stellungnahmen des tschechischen

Chemikers Bohuslav Brauner zu der Prioritäts-Auseinandersetzung sind nationalistische Gedanken erkennbar. Vor allem nach dem ersten Weltkrieg spielten nationale Gegensätze eine Rolle, sodass die Beurteilung wissenschaftlicher Ergebnisse oft durch eine politische Sichtweise verzerrt wurde. Die zitierten Briefe und Veröffentlichungen der beteiligten Wissenschaftler sollen das in exemplarischer Weise zeigen.

Die Entdeckungsgeschichte der Elemente 70, 71 und 72 und die damit zusammenhängenden Streitigkeiten führten zu wichtigen wissenschaftlichen Erkenntnissen. Die Anwendung der theoretischen Physik und die Zusammenarbeit zwischen Physikern und Chemikern ermöglichten die Einordnung der seltenen Erden in das Periodensystem der Elemente, die jahrzehntelang unklar gewesen war. Carl Auer von Welsbach trug zu dieser Entwicklung besonders viel bei, da er seine wertvollen, reinen Präparate anderen Forschern zur Verfügung stellte.

Dank: Ich danke Herrn Roland Adunka vom Auer von Welsbach Forschungsinstitut Althofen, der die zitierten Briefe zur Verfügung stellte, und Dr. Robert Rosner für die kritische Durchsicht des Manuskriptes.

Carl Auer von Welsbach als Entdecker von Seltenen Erden

Kurt Rossmanith

Als Auer von Welsbach von 1880 bis 1882 in Heidelberg bei dem berühmten Robert Bunsen studierte, kam er erstmals in Berührung mit den sogenannten „Seltenen Erden".

Es handelte sich um die Oxide von neuen Elementen, von denen zunächst zwei entdeckt worden waren: die Ytererde 1794 durch den finnischen Chemiker J. Gadolin, benannt nach dem schwedischen Fundort Ytterby, und die Ceriterde im schwedischen Mineral Cerit 1803 von Berzelius und Hisinger, sowie unabhängig von M. H. Klaproth in Berlin. Beide hielt man zunächst für einheitliche Stoffe.

„Erde" war damals die gebräuchliche Bezeichnung für Metalloxide. „Selten" nannte man sie im Vergleich zu anderen, lang bekannten „Erden", wie der Tonerde, dem Aluminiumoxid, oder der Bittererde, dem Magnesiumoxid. Die Metalle wurden aus allen diesen Oxiden erst später gewonnen. Heute wissen wir, dass die „Seltenen Erden" gar nicht so selten sind; so ist etwa das Cer in der Erdkruste ungefähr so häufig wie Chrom. Im Folgenden soll die Bezeichnung „Seltene Erden" beibehalten werden, wenn keine Verwechslungsgefahr besteht, auch dann, wenn die betreffenden Elemente gemeint sind.

Es zeigte sich, dass es sich bei Ceriterde und der Ytererde um Gemische sehr nah verwandter Stoffe handelt, zwischen denen im allgemeinen nur sehr geringe Eigenschaftsunterschiede bestehen, z. B. bei der Löslichkeit oder der thermischen Zersetzlichkeit ihrer Salze. Die Trennschritte müssen daher stufenweise, fraktioniert ausgeführt werden und häufig wiederholt, um zu Reinstoffen zu gelangen. Einen solchen Sachverhalt hatten die Chemiker, die damals meist auch Mineralogen waren, bis dahin noch nicht kennengelernt.

C. G. Mosander, ein Schüler von Berzelius, konnte in den Jahren um 1840 durch fraktionierte Zersetzung der Nitrate die Ceriterde und 1843 durch fraktionierte Fällung mit Ammoniak die Ytererde in je drei Fraktionen auftrennen. 1878–1880 wurden durch die Arbeiten mehrerer Forscher aus der Ytererde weitere neue Seltene Erden erhalten. Bei der Ceriterde war es bei den drei Fraktionen geblieben, nämlich dem Cer als Hauptmenge, das als Ausnahme wegen seiner potentiellen Vierwertigkeit von den dreiwertigen leichter getrennt werden kann, dem in Lösung farblosen Lanthan und dem rötlichen sogenannten Didym.

In dieser Form lernte Auer die Seltenen Erden kennen; von da an sollte sein Interesse an ihnen, an den Methoden ihrer Trennung und später an ihrer technischen Verwendung nie mehr erlöschen.

Zugleich lernte er bei Bunsen auch eine wichtige Methode zu ihrer Analyse kennen, nämlich die von Kirchhoff und Bunsen um 1860 entwickelte Methode der Spektralanalyse. Sie ist für die Seltenen Erden besonders wichtig, da gravimetrische und titrimetrische Verfahren für die einzelnen Erdelemente wegen ihrer großen Ähnlichkeit, abgesehen vom Cer, nicht anwendbar sind. Für die farbigen Erdionen, bei denen die Absorption also im Sichtbaren liegt, bietet sich die Absorptionsspektralanalyse an; hierbei wird das von der Lösung durchgelassene Licht spektral zerlegt; man sieht schmale Absorptionsbanden, wodurch sich die Ionen der Seltenen Erden z. B. von denen der Eisengruppe unterscheiden. Wie wir heute wissen, ist das durch die besondere Elektronenstruktur der Seltenerdelemente bedingt, auf der viele moderne Anwendungen beruhen.

Doch so weit war es noch lange nicht. Bei farblosen Erdionen muß die Emissionsspektralanalyse eingesetzt werden, wobei die Anregung durch eine elektrischen Entladung erfolgen muß, nicht etwa nur durch die Flamme des von Bunsen entwickelten Brenners wie z. B. bei den Alkalien, mit deren Hilfe Kirchhoff und Bunsen 1860/61 das leicht anregbare Rubidium und Cäsium entdeckt hatten. In der Emission zeigen die meisten Erden ein sehr linienreiches Spektrum.

1882 schloß Auer sein Studium mit der Promotion bei Bunsen ab. Als er dann als Privatgelehrter im Chemischen Institut der Universität Wien arbeitete, das damals von Lieben geleitet wurde, wandte er sich zunächst den Ytererden zu. Als Ergebnis veröffentlichte er zwei Arbeiten „Über die Erden des Gadolinits von Ytterby"; das war jenes Mineral, in dem die Ytererde zuerst entdeckt worden war. Er ließ sich Ausgangsmaterial aus Schweden kommen; der Aufschluß dieses Silikats, das noch Beryllium und Eisen enthält, ist im Labor recht aufwendig. Angeregt durch Bunsen, verwendete er zunächst die fraktionierte Zersetzung der Nitrate zur Trennung, fand aber bald eine Verbesserung, indem er eine fraktionierte basische Fällung durch Zusatz von Erdoxid ausführte, sein Oxidverfahren. Zu Reindarstellungen kam es dabei aber nicht. Da inzwischen durch andere Forscher die Trennung der Yttererden recht weit gebracht worden war, wandte er sich den Ceriterden zu.

Als Ausgangsmaterial verwendete er 7kg Cerit aus der Bastnäsgrube bei Riddarhyttan in Schweden; zur Trennung benutzte er die fraktionierte Kristallisation, ein Verfahren, das inzwischen in der Erdchemie gebräuchlich geworden war.

Bei dieser Methode überführt man das zu trennende Gemisch in ein gut kristallisierendes Salz, günstig in eines von mittlerer Löslichkeit, das in der Hitze wesentlich besser löslich ist als in der Kälte. Bei der Kristallisation nah verwandter Erden bilden sich hierbei Mischkristalle, als Lösungsmittel dient fast immer Wasser. Man löst in der Hitze und läßt hintereinander einige Fraktionen kristallisieren. Nach völligem Erkalten werden die Lösungen von den Kristallen getrennt und jeweils die Lösung einer Fraktion mit den Kristallen der nächsten vereinigt, in der Hitze gelöst und erneut kristallisieren gelassen. Die Kristalle der ersten Fraktion werden in Wasser gelöst, die Lösung der letzten Fraktion wird zur Kristallisation eingedampft. Bei häufiger Wiederholung dehnen sich die Reihen immer mehr aus; die am schwersten löslichen Anteile reichern sich in den vorderen Fraktionen, besonders in der Kopffraktion, immer stärker an, die am leichtesten löslichen in den letzten Fraktionen und der Restlösung. Wenn die jeweiligen Fraktionen genügend rein sind, können sie entnommen werden.

Dieses Verfahren hat gegenüber den anderen klassischen Trennverfahren den Vorteil größerer Trennschärfe auch bei relativ hohem Einsatz; während der Ausführung erfordert es keinen Chemikalienaufwand, im Gegensatz etwa zur fraktionierten Fällung. Mit verschiedenen Verbesserungen konnten später im Labormaßstab für eine Fraktionierung bis 20kg Oxid in Form des entsprechenden Salzes eingesetzt werden; als besonders geeignet haben sich Doppelsalze erwiesen. Wenn die Ausgangsmenge ausreicht, können im Prinzip alle Komponenten des Gemischs rein erhalten werden. Ein Nachteil ist allerdings der hohe Gesamt-Zeitaufwand, da man meist nur eine Reihe pro Tag machen kann und je nach Reinheit des Ausgangsmaterials mehrere hundert Reihen nötig sein können. Die quantitative Verfolgung und mathematische Durchrechnung wurde erst in jüngerer Zeit durchgeführt; sie ergab eine Bestätigung des Schemas und eine genauere Charakterisierung der Trennwirkung.

Diese Verfahren wandte nun Auer, nach Entfernung der Hauptmenge Cer durch thermische Zersetzung der Nitrate, auf das Gemisch der übrigen Ceriterden an.

Wie schon erwähnt, hatte Mosander neben Cer das farblose Lanthan und das rötliche Didym erhalten. Auer war zunächst am Lanthan interessiert für seine ersten Glühstrümpfe, die aus den Oxiden von Lanthan und Zirkon bestanden. Als Salz zur fraktionierten Kristallisation benutzte er das Ammondoppelnitrat, welches Mendelejeff 1873 empfohlen hatte; zur besseren Abscheidung arbeitete Auer in salpetersaurer Lösung; dieser beim Eindampfen unangenehme Zusatz erwies sich später als entbehrlich. Für die Voraussage der Zahl der Erdelemente konnte übrigens das Periodensystem der Elemente, welches 1869 von Mendelejeff und Lothar Meyer gefunden worden war, nicht verwendet werden (wie etwa bei der Voraussage des Germaniums), weil man den Seltenerdelementen mit Ausnahme des Yttriums denselben Platz im System einräumen mußte.

Bei dieser Kristallisation fiel es nun Auer auf, daß in den letzten Fraktionen, also dem sogenannten Didym, zunächst grünliche und in den Restlösungen rote Farbtöne auftraten. Durch sorgfältige fraktionierte Kristallisation gelang es ihm, rein grüne Kopffraktionen und rein rotviolette Restlösungen zu erhalten und dadurch das „Didym" in zwei neue Erden zu zerlegen, von denen er die erste wegen der grünen Lösungsfarbe Praseodym nannte nach griechisch praseos-Lauch bzw. grün, die zweite mit rotvioletter Lösungsfarbe Neodym. Die Entdeckung der beiden neuen Seltenerdelemente wurde 1885 in zwei Arbeiten publiziert mit dem Titel: „die Zerlegung des Didyms in seine Elemente". Zur Verfolgung der Trennung konnte günstig die Absorptionsspektralanalyse der Lösungen verwendet werden. In der Originalpublikation gab Auer die sorgfältig gezeichneten Absorptionsspektren von Praseodym und Neodym; das Spektrum des „Didyms" ist die Überlagerung der beiden. 1903 kehrte Auer auf die beiden neuen Erden, deren Elementnatur angezweifelt worden war, nochmals zurück, um ihre Einheitlichkeit durch das Funkenspektrum zu charakterisieren und das Atomgewicht genauer zu bestimmen.

Die beiden reinen Erden fanden in der Folgezeit für Ziergläser Verwendung; Auer v. Welsbach erhielt solche zu seinem 70. Geburtstag. Heute ist Neodym für LASER wichtig geworden, die intermetallische Verbindung $Nd_2Fe_{14}B$ ist der derzeit stärkste Dauermagnet.

Im gleichen Jahr 1885 nahm Auer zwei Patente auf den Lanthanoxid-Zirkonoxidglühstrumpf; die Erzeugung der hierfür nötigen Lösung, des „Fluids", leitete Ludwig Haitinger als Direktor der Atzgersdorfer Fabrik. Da sich dieser erste Glühstrumpf aber auf die Dauer nicht bewährte, mußte die Produktion eingestellt werden; Haitinger ging an das Lieben-Institut, wo er sich anläßlich einer Literaturarbeit mit anderen Glühkörpern befaßte; hierbei stellte er die günstige Wirkung kleiner Zusätze fest. Unter anderem hierdurch wurde Auer von Welsbach zur Entwicklung des Thoriumoxid-Ceroxid-Glühstrumpfes angeregt, der nunmehr den endgültigen Durchbruch brachte.

Die Thorerde war 1828 von Berzelius im Silikat Thorit entdeckt worden. Sie gehört nicht mehr zu den Seltenen Erden, da Thorium durch seine stabile Vierwertigkeit keine enge Verwandtschaft mit den dreiwertigen Seltenen Erden besitzt; es ist seltener als diese. Auer beschäftigte sich nun mit Kristallisationsmethoden, um Thoriumoxid im Großen rein darzustellen, wobei die Feinreinigung über das Ammondoppelnitrat erfolgte.

Bei der Fabrikation des Fluids für die neuen Glühkörper, wiederum in Atzgersdorf unter Ludwig Haitinger, spielten die Seltenen Erden eine wichtige Rolle. Die Gewinnung des Thoriums erfolgte zunächst aus Cerit, von dem 5t verarbeitet wurden; da dieser aber nur wenig Thorium enthält, suchten Auer und Haitinger nach neuen Quellen und kamen auf den sogenannten Monazitsand, zunächst als Nebenprodukt bei der Goldgewinnung in Kalifornien und dann viel reichlicher als Brandungsseife in Brasilien. Es ist dies eine natürliche Anreicherung dieses schweren und chemisch widerstandsfähigen Ceriterdphosphats, das neben wenig Yttererden 10% und oft noch mehr Thorium enthält. Mit Schwierigkeiten gelangte man in den Besitz einer größeren Menge.

Über die Gewinnung des Thoriums aus dem Monazit wurde meist Stillschweigen bewahrt. Aus verschienen Hinweisen kann man jedoch schließen, daß nach Aufschluß mit Schwefelsäure und Lösen in Eiswasser das Thorium hydrolytisch gefällt und über das Oxalat von mitgegangenen Erden befreit wurde; dann wurde die Hauptmenge der Seltenen Erden durch Einleiten von Heißdampf ausgeschieden; die Erdsulfate sind nämlich in der Hitze viel schwerer löslich als in der Kälte. Das wertvolle Thorium wurde weiter gereinigt und diente als Nitrat für das Fluid zur Glühstrumpferzeugung. Die angefallenen großen Mengen der Erdsulfate wurden als „Berge" auf dem Gelände der Atzgersdorfer Fabrik gestapelt.

Durch diese wirklichen „Berge" von unreinen Seltenerdsulfaten, es müssen schließlich über 3000t gewesen sein, wurde Auers Erfindergeist angeregt, für diese eine technische Verwendung zu suchen. Da erinnerte er sich an die Herstellung der Metalle durch Elektrolyse der geschmolzenen Chloride, die von Bunsen und seinen Schülern ausgearbeitet worden war; wegen ihres unedlen Charakters kann man die Seltenerdmetalle nicht aus wäßriger Lösung erhalten. Schon damals hatte man bemerkt, daß diese Metalle beim Anreiben Funken geben. Zur Erzeugung der Ceritmetalle im Großen, inzwischen war nach Erfindung der Dynamomaschine 1866 durch Werner v. Siemens der elektrische Strom für die Technik verfügbar geworden, gründete Auer v. Welsbach 1907 die Treibacher Chemischen Werke. Mit der Herstellung des „Auer-Metalls" in technischem Maßstab schuf er die Industrie der Zündsteine.

Auer v. Welsbach wandte sich nun wieder der wissenschaftlichen Erforschung der Seltenen Erden zu, im Besonderen der Gruppe der Yttererden. Hierfür war es vorteilhaft, daß durch die nunmehrige technische Aufarbeitung große Mengen wertvollen Rohmaterials zur Verfügung standen. 1905 nahm Auer 500kg roher Ytter-erdoxalate in Arbeit, die in der Atzgersdorfer Fabrik aus Monazit hergestellt worden waren. Diese große Menge war nötig, weil sich Auer auf das schwerste, damals bekannte Erdelement, das 1878 von Marignac entdeckte Ytterbium konzentrieren wollte, an dessen Einheitlichkeit er zweifelte; dieses war im Ausgangsmaterial aber nur in geringer Menge enthalten. Nach Anreicherung über die fraktionierte thermische Zersetzung der Nitrate unter-warf er die schwersten Anteile einer Trennung über die Ammondoppeloxalate. Da die Erdionen hier farblos sind, also keine Absorption im Sichtbaren haben, kam zur analytischen Verfolgung und zur Reinheitsprüfung nur die Emissionsspektralanalyse in Frage. Hierfür benutzte er die Funkenspektren eines von ihm selbst konstruierten Apparats. Er stellte fest, daß mit fortschreitender Trennung des alten Ytterbiums im Spektrum Veränderungen auftraten, was er bereits 1905 mit den Spektren publizierte. 1906 gab er bereits zwei neue Elemente an. Als er 1907 die endgültige Arbeit veröffentlichte: „Die Zerlegung des Ytterbiums in seine Elemente", in der er die beiden neuen Elemente Aldebaranium und Cassiopeium benannte, also nach einem Fixstern und einem Sternbild, war ihm Urbain in Paris um 44 Tage zuvorgekommen. Dieser hatte das Marignacsche Ytterbium durch fraktionierte Kristallisation der Nitrate aus 48-prozentiger Salpetersäure in zwei Elemente zerlegt, die er Neo-Ytterbium und Lutetium nannte (nach lateinisch lutetia parisiorum = Paris).

Es folgte ein langdauernder Prioritätsstreit und eine uneinheitliche Namensgebung; etwa 1957 entschied die IUPAC für die Namen Ytterbium und Lutetium. In den Nomenklaturregeln von 1959 heißt es jedoch: „es wird betont, daß die in diesem Fall getroffene Wahl keine Stellungnahme zur Frage der Priorität bedeutet."

Es soll nur kurz erwähnt werden, daß Auer seine große Erfahrung in der Trennung nah verwandter Stoffe auch in der Chemie der damals hochaktuellen radioaktiven Elemente bzw. Isotope einsetzte. Ab 1904 wurden in der Atzgersdorfer Fabrik unter der Leitung von Haitinger 10t Pechblenderückstände aus Joachimsthal auf Radium aufgearbeitet, wobei 1800kg einer stark wasserhaltigen Ammoniakfällung anfielen, aus der Auer v. Welsbach in sehr mühsamer Arbeit Radioelemente anreicherte; er erhielt dabei unter anderem die damals stärksten Actiniumpräparate.

Seine besondere Liebe galt jedoch weiter den Seltenen Erden. Wie schon erwähnt, besetzen Lanthan und die folgenden Erdelemente im Periodensystem nur einen Platz, sodaß man zunächst ihre Zahl nicht voraussagen konnte. Das änderte sich 1913 mit Moseleys Entdeckung, daß die Wurzel aus der Wellenzahl der Röntgenlinien der Elemente ihrer Ordnungszahl proportional ist. Hiermit konnte man die Ordnungszahlen der auf das Lanthan folgenden Erdelemente bestimmen, wobei sich zeigte, daß es zusammen mit dem Lanthan 15 sein müssen, wie bald auch durch die Theorie der Elektronenstruktur bestätigt. Hierdurch erklärt sich, daß viele frühere Angaben über vermeintliche neue Seltenerdelemente sich als falsch herausstellten. Es fehlte jedoch noch das Element Nr. 61. Auer berichtete 1926 über „Einige Versuche zur Auffindung des Elementes Nr. 61", bei denen er jedoch zwischen Neodym Nr. 60 und Samarium Nr. 62 kein Erdelement finden konnte, ein Beweis für die große Exaktheit und Sorgfalt seiner Arbeitsweise; mehrere Forscher hatten fälschlich die Existenz eines solchen behauptet. Bei der Ceriterdtrennung bewirkt diese Lücke, daß zwischen Neodym und Samarium eine wesentlich bessere Trennung eintritt als zwischen anderen benachbarten Erdelementen.

Das Fehlen des Elementes Nr. 61 in natürlichem Material erklärt sich aus der Tatsache, daß dieses Element nur radioaktive Isotope besitzt, deren Halbwertszeit höchstens etwa 18 Jahre beträgt. Es wurde als Isotop mit der Massenzahl 145 erst 1945 von Marinsky, Glendenin und Coryell in den Spaltprodukten eines Kernreaktors gefunden und Promethium benannt, als Hinweis auf „Die Größe und den möglichen Mißbrauch des menschlichen Geistes".

Noch bis zu seinem Tode arbeitete Auer von Welsbach an einer Thuliumreihe. So waren seine wissenschaftlichen und auch technischen Arbeiten, mit Ausnahme etwa der Entwicklung der Osmiumlampe, direkt oder indirekt mit der Gruppe der Seltenerdelemente verknüpft, deren Erforschung und Verwendung er so maßgebend beeinflußt hat; daher bleibt sein Name für immer mit dieser interessanten Elementgruppe verbunden.

Carl Auer von Welsbach als Leitbild für moderne Forschung und Entwicklung

Das Phänomen Carl Auer von Welsbach – Versuch einer Analyse

Inge Schuster

> *„The future belongs to those who can see the opportunities*
> *before they become obvious"*
> Oscar Wilde

Wenn man das Wirken Carl Auer von Welsbachs und dessen weltweite Auswirkungen in einem einzigen Satz umreißen wollte, dann kann man es wohl nicht prägnanter formulieren als mit dem obigen Ausspruch Oscar Wildes, eines Zeitgenossen Carl Auer von Welsbachs. Darüber hinaus zeigt dieses Zitat aber auch die durchaus positive Einstellung der damaligen Gesellschaft zu Innovation und Risikobereitschaft.

In den vorangegangenen Referaten dieses Symposions wurde bereits erschöpfend zu Leben, wissenschaftlichem Opus und Art und Wert der daraus resultierenden Innovationen Carl Auer von Welsbachs berichtet. In dem aktuellen Beitrag will ich nun weder einzelne dieser Aspekte wiederholen noch deren Zusammenfassung geben. Ich möchte vielmehr versuchen, die Grundlagen des Phänomens Carl Auer von Welsbach zu analysieren und überlegen, ob und inwieweit deren Übertragbarkeit auf die Moderne möglich oder vielleicht sogar erstrebenswert ist.

Bereits die primäre Überlegung, welcher Voraussetzungen es bedurfte, um ein derartig bedeutendes Opus zu schaffen, generiert einen weiten Komplex an Fragen, u.a.: Welche Rolle haben persönliche Fähigkeiten Carl Auer von Welsbachs gespielt, welche Expertise und systematische Forschung und welche Kreativität und Zufall, welche aber auch Geschick in finanziellen Belangen? Vor allem aber: Wie sah das Umfeld aus, das den Erfolg ermöglichte?

Diskutiert man in weiterer Folge die Art und Weise, in der Carl Auer von Welsbach seine Forschungen betrieb, deren Ergebnisse umsetzte und in global höchst erfolgreiche kommerzielle Produkte – heute würde man dazu „Blockbuster" sagen – verwandelte, so stellt man fest, daß viele der damaligen Vorgangsweisen heute nicht mehr üblich oder möglich sind, jedoch nicht alle der heute geltenden Regeln Verbesserungen darstellen. Kann uns also – bei realistischer Betrachtung – Carl Auer von Welsbach auch heute noch als Beispiel dienen für die Art und Weise, in der Forschung & Entwicklung betrieben werden kann und soll?

Der Lichtbringer Prometheus – Plus Lucis

Carl Auer von Welsbach hatte zwar keine akademische Karriere angestrebt, sein Arbeitsgebiet und seine Methoden prägten dennoch nachhaltig Forschung und Lehre an der Universität Wien, auch noch Jahrzehnte nach seinem Ableben. Dazu einige persönliche Impressionen:

Als wir 1959 unser Chemiestudium begannen, unmittelbar nach der Umstrukturierung der Chemieinstitute, führte der erste Abschnitt in die von Alfred Brukl geleitete Anorganische Chemie, deren Hauptforschungs-Richtung die „Chemie der Seltenen Erden" war. Im Praktikum analysierten wir Gemische anorganischer Salze, wobei die Hauptutensilien Carl Auer von Welsbachs – Bunsenbrenner, Platindraht und Flammenphotometer – auch zu unseren wichtigsten Geräten gehörten. Selbstverständlich waren „Seltene Erden" das Arbeitsgebiet unserer Saalassistenten Kurt Rossmanith, Karl Seifert und Helga Auer. Über Helga Auer (auf ihrem Türschild fehlte „Welsbach") erfuhren wir, daß sie Teilhaberin einer großen Firma sei und mit dem berühmten Chemiker verwandt, dessen Denkmal – aufgestellt auf einem kleinen Platz vor dem Eingang des Organisch-Chemischen Institutes Währingerstraße 38 – uns sehr vertraut war. Dieses Denkmal war 1935 auf Initiative des Forschungsinstituts für technische Geschichte von dem Bildhauer Wilhelm Fraß errichtet worden mit einem ernst-blickenden Reliefpor-

Abb. 1: „**Beim Plus Lucis**" Das Carl Auer von Welsbach-Denkmal vor dem Eingang des Organisch-Chemischen Institutes der Universität Wien

trät Carl Auer von Welsbachs auf dem Sockel, darüber seinem Wappenspruch „Plus Lucis" und der Inschrift auf der Rückseite „*Aus seltenen Erden und Metallen schuf sein forschender Geist das Gasglühlicht, die elektrische Osmiumlampe, das Funken sprühende Cereisen*"[1]

Für uns junge Studenten hatte dieses Denkmal eine spezielle Bedeutung: Wenn wir um sechs Uhr abends die Labors verlassen mußten und noch Tagesereignisse, anstehende Prüfungen oder auch die weitere Gestaltung des Abends besprechen wollten, hatten wir dafür einen allgemein akzeptierten Treffpunkt „Beim Plus Lucis". Es war nicht zu vermeiden, daß uns damit der Name Carl Auer von Welsbach vertraut wurde, ebenso die drei großen, in der Inschrift zitierten Erfindungen, obgleich wir das Pathos des Textes und vor allem der das Denkmal krönenden Statue als nicht mehr ganz zeitgemäß empfanden. Diese 2,60 m hohe Steinfigur erinnert in Größe, Haltung und Aussehen frappant an eine 1934 entstandene Prometheus-Skulptur des schillernden Monumentalplastikers Arno Breker. Hier wie dort trägt Prometheus als der „Pyrophor" (Lichtbringer) in der erhobenen rechten Hand die Fackel, mit der er den Menschen das Feuer gebracht hat.

Zweifellos ist man versucht diese Darstellung vorschnell als Relikt der unseligen Dreißiger Jahre abzutun. Bei näherer Überlegung, wofür die Figur des Prometheus steht, beginnt man darin jedoch eine treffende Metapher zu Charakter und Werk Carl Auer von Welsbachs zu sehen: In der griechischen Mythologie ist Prometheus, der „Vorausdenker", ein Titan, der ebenso wie die Götter von Uranos und Gaia (Himmel und Erde) abstammt Prometheus wird beschrieben als unabhängiger „Querdenker" und kreativer Handwerker, der die Menschen geschaffen hat und ihnen, als sie frierend im Dunkel saßen, das Feuer vom Himmel zur Erde gebracht hat – im vollen Bewußtsein, dabei gegen den Willen des Göttervaters Zeus zu handeln. Die Göttin Pallas Athene – Verkörperung der Weisheit und des überlegten Handelns, daher Freundin aller klugen Menschen – unterstützte ihn dabei: Sie riet ihm einen Riesenfenchel als geeignete, lang-brennende Fackel zu benutzen und zeigte ihm, wie er diese am Rade des Sonnenwagens des Helios entzünden könnte.

Attribute des Prometheus wie Erkennen von Notwendigkeiten, Kreativität, selbständiges überlegtes Planen zum Auffinden von Lösungsansätzen und experimentelles Geschick in deren Umsetzung sind zweifellos auch Eigenschaften Carl Auer von Welsbachs. Damit hat er neue, ungleich verbesserte Formen der Fackel geschaffen und den Vorgang des Entzündens mittels pyrophoren Metallen revolutioniert. Mehr Licht – „Plus Lucis" – hat die Menschheit in der Mythologie aus „Dunkelheit und Rückständigkeit" geführt, ebenso wie auch an der Wende zum 20. Jahrhundert, und sie zu einem ansonsten undenkbaren Fortschritt befähigt.

---

[1] Aufruf der Dr. Carl Auer-Welsbach Gedächtnis-Stiftung. Unter dem Ehrenschutz des österreichischen Bundespräsidenten Wilhelm Miklas, Wien 1932. In BPA-009769, Archiv, Technisches Museum Wien.

VORAUSDENKEN, OPTIONEN ABWÄGEN, DIE ZUKUNFT GESTALTEN – ZEITLOS AKTUELLE WERTE

Wenn wir in der Prometheus-Metapher des Vorausdenkens („*promethein*") und Suchens nach kreativen Lösungen bleiben, so sind dies Werte, die nichts von ihrer Aktualität verloren haben:

„Vorausdenken, Optionen abwägen, die Zukunft gestalten: Zukunftsforschung für Europa"

ist der Titel des Schlussberichts der hochrangigen Expertengruppe der Europäischen Union zur Lissabon-Strategie, die das Ziel hat, Europa zum wettbewerbsfähigsten und dynamischsten wissensbasierten Wirtschaftsraum der Welt zu machen[2]. Von der Europäischen Union geförderte Rahmenprogramme – zur Zeit das bis 2013 dauernde 7te Programm – nennen als die wesentlichen Instrumente zur Erreichung des Zieles:

*„**Bildung, Forschung und Innovation – zusammengefaßt als Triangel des Wissens.** Dies ist die Grundlage auf der die Dynamik, die Kreativität und die herausragenden Leistungen der europäischen Forschung in den Grenzbereichen des Wissens verbessert werden sollen."*[2]

Die Förderung der Kreativität als essentielle Triebkraft innovativer Leistungen muß dabei zweifellos ein Hauptanliegen sein.

Von der kreativen Idee zur kreativen Leistung

Kreativität wird allgemein verstanden als Originalität und Flüssigkeit des Denkens, Sensibilität gegenüber Problemen und Flexibilität der Ideen. Um kreative Ideen in Leistungen umsetzen zu können, ist allerdings auch ein geeignetes Umfeld notwendig. Eine aktuelle, nach meiner Meinung recht anschauliche Darstellung dieses Umfelds, entnommen der Financial Times Deutschland aus dem vergangenen Jahr[3], ist in Abbildung 2 wiedergegeben. Diese Darstellung zeigt drei wesentliche, von einander abhängige Felder, die das Zustandekommen kreativer Leistung bestimmen: Das Feld des Erkennens der persönlichen Fähigkeiten und Unfähigkeiten, das Feld des Erkennens der persönlichen Präferenz bzw. Ablehnung von Gebieten und das Feld, das die Existenz oder das Fehlen von Ressourcen zeigt.

Ein Blick in die reale Welt der Angewandten Forschung zeigt, daß wohl nur in den wenigsten Fällen optimale Bedingungen in allen drei Feldern vorliegen, d.h. es werden, so gut es geht, Kompromisse eingegangen werden müssen und damit auch Abstriche in Wert und Qualität der umzusetzenden kreativen Ideen: Persönliche Fähigkeiten und Kompetenz in einem Gebiet werden nicht unbedingt auf die nötigen Ressourcen stoßen – ein Umfeld, das vor allem akademische Forscher häufig vorfinden. Andererseits sind persönliche Fähigkeiten gepaart mit ausreichenden Ressourcen, aber wenig Freiraum im Arbeitsgebiet, vielfach Charakteristika industrieller Forschung. (Ausreichende Ressourcen und Vorlieben für ein Themengebiet können jedoch ein Fehlen persönlicher Talente nicht wettmachen und höchstens mediokre Leistungen ergeben).

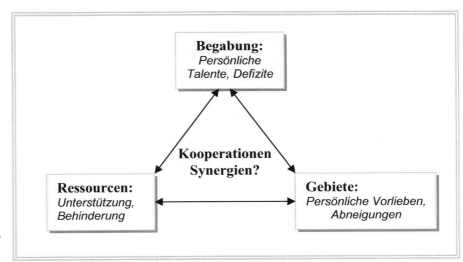

Abb. 2: Kriterien für das Zustandekommen von kreativer Leistung. *Nach Financial Times Deutschland (2007)*[3]

---

[2] Vorausdenken, Optionen abwägen, die Zukunft gestalten: Zukunftsforschung für Europa Schlussbericht der hochrangigen Expertengruppe für die Europäische Kommission. Abteilung RTD-K.2 – "Wissenschaftliche und technologische Zukunftsforschung; Verbindungen zum IPTS" September 2002.

Im Falle Carl Auer von Welsbach stimmte offensichtlich das gesamte Umfeld: Unabhängig in der Wahl seiner Forschungsgebiete verband er höchste Kompetenz mit persönlichen Begabungen und verstand es dafür auch die nötige Unterstützung aufzutreiben.[3]

BILDUNG, FORSCHUNG, INNOVATION

Carl Auer von Welsbach hat zweifellos von Jugend an seine Interessen und Fähigkeiten richtig erkannt und eingeschätzt, daß diese nämlich überwiegend auf naturwissenschaftlichen Richtungen lagen und er eine besondere Eignung für akribische experimentelle Arbeiten besaß. Dies erklärt die Wahl der Studienfächer Chemie und Physik, vorerst an der Technischen Hochschule in Wien. Bereits nach drei Semestern setzte er das Studium in Heidelberg fort, einem Mekka der Naturwissenschaften im damaligen Europa. An dem von Robert Bunsen geleiteten Chemischen Institut, das heute sicherlich als Elite-Institut tituliert werden würde, erhielt Auer von Welsbach seine wissenschaftliche Bildung, die prägend für sein Forschungsgebiet, die darin angewandten Methoden und die daraus resultierenden Innovationen wurde.

Bildung – das Umfeld in Heidelberg

Die prioritäre Rolle Heidelbergs in den Naturwissenschaften des 19. Jahrhunderts war gleichermaßen verursacht durch ein optimales, zu kreativen Leistungen stimulierendes Umfeld als auch Ursache dieses Umfelds. Da Heidelberg so zahlreiche Spitzenwissenschafter hervorgebracht hat, die das naturwissenschaftliche Weltbild entscheidend veränderten und damit auch die Grundlage für neue, nachhaltige Industriezweige schufen, möchte ich versuchen, dieses auch nach heutigem Verständnis exemplarische Umfeld in groben Umrissen zu beschreiben.

Heidelberg verdankte seinen Ruf vor allem einem Dreigestirn an Persönlichkeiten, die zusammen das gesamte Spektrum der damaligen Naturwissenschaften repräsentierten und enorm zu deren Fortschritt beitrugen, nämlich Gustav Robert Kirchhoff (1824–87), Hermann von Helmholtz (1821–94) und Robert Bunsen (1811–99). Kennzeichnend für die drei Wissenschafter war ihr interdisziplinäres theoretisches und praktisches Wissen. Sie harmonierten hervorragend, kooperierten miteinander und diskutierten auf häufigen Spaziergängen wissenschaftliche Fragen fachübergreifend, ohne auf Barrieren einzelner Disziplinen zu stoßen[4]. Kirchhoff und Helmholtz hatten zwar Heidelberg bereits verlassen, als Auer von Welsbach dort eintraf, das von ihnen geschaffene wissenschaftliche Klima wirkte aber noch lange fort.

Kirchhoff war Mathematiker und Physiker auf dem Lehrstuhl für Physik. Auf ihn gehen u.a. die bekannten Regeln der elektrischen Stromkreise zurück, das Strahlungsgesetz (das zum Konzept des schwarzen Körpers führte) und die mit Bunsen gemeinsam entwickelte Spektralanalyse. Diese führte in rascher Folge zur Entdeckung und Charakterisierung neuer Elemente, ebenso wie zur Interpretation der sogenannten Fraunhoferlinien im Spektrum der Sonne, die auf die elementare Zusammensetzung der Photosphäre schließen ließen.

Helmholtz war ein Universalgelehrter, Mediziner und Physiker zugleich; er hatte den Lehrstuhl für Physiologie inne. Von ihm stammen thermodynamische Grundbegriffe wie freie Energie und der Energie-Erhaltungssatz ebenso wie grundlegende Arbeiten zur Hydrodynamik und Meteorologie, bis hin zur Physiologie neuronaler Stimulation und der Physiologie des Hörens und Sehens. Auf Helmholtz gehen auch Ophthalmoskop und -meter zurück, Geräte zur Messung von Augenhintergrund und Hornhautkrümmung.

Auf dem Lehrstuhl für Chemie war schließlich der aus Göttingen stammende Chemiker Bunsen, durch und durch Praktiker und interdisziplinär in seinem Denken (*„Ein Chemiker, der kein Physiker ist, ist gar nichts"*). Ihm gelangen Durchbrüche in der anorganischen und organischen Chemie ebenso wie in der physikalischen Chemie und der Physik. U. a. arbeitete er an organischen Arsenverbindungen, entwickelte die Iodometrie, verfolgte photochemische Reaktionen, konstruierte die Zink-Kohle-Batterie (bis zur Erfindung des Dynamos die effizienteste elektrische Energiequelle), erfand die Wasserstrahlpumpe, entwickelte zusammen mit Peter Desaga den nach ihm benannten Bunsenbrenner, die Schmelzfluß-Elektrolyse zur Reindarstellung von Metallen und vor allem zusammen mit Kirchhoff die Spektralanalyse. Bereits berühmt als er 1852 dem Ruf nach Heidelberg folgte, setzte er den Neubau des Chemischen Instituts durch, das Beispiel gebend für Laborbauten der nächsten siebzig Jahre wurde.

---

[3] Jürgen Fleiß. Kreativität Antriebskraft für den täglichen Erfindungsprozeß. Financial Times Deutschland.14.10.2007
[4] Leo Königsberger. Mein Leben. Heidelberg 1869–75. (1919).

Zahlreiche der von Bunsen entwickelten Geräte und Methoden, ebenso wie das Design eines modernen Labors finden sich bei Auer von Welsbach wieder.

Bunsen und Kirchhoff arbeiteten einundzwanzig Jahre lang eng, mit großem Einsatz und erfolgreich zusammen[5]. Berühmt-populär wurde ihre Entdeckung der Alkalimetalle Caesium (1860) und Rubidium (1861), die sie aus 30 t Bad Dürkheimer Mineralwasser isolierten. Bunsen nutzte dabei die wichtigsten Spektrallinien der beiden Metalle als Führer („leads") im Trennverfahren, indem er nach jedem Trennschritt erneut das Spektrum untersuchte und jeweils den mit einem Metall angereicherten Teil einengte. Dieses Prinzip wandte Auer von Welsbach später erfolgreich zur Trennung und Reindarstellung „seiner" Seltenen Erden an.

Die spektakuläre Nachricht über die neue Methode der Spektralanalyse und ihr vielversprechendes Potential, damit neue Elemente entdecken zu können, verbreitete sich sehr schnell und führte zu einem enormen Ansturm von Studenten und Gast-Wissenschaftern aus aller Welt. Einerseits kamen sie, um die neue Technik zu erlernen, andererseits wollten sie eigene Proben analysieren, wie z.B. einer der ersten Gäste Jons F. Bahr aus Uppsala, der 1864 das Mineral Gadolinit aus Ytterby mitbrachte. Methoden zu der sehr schwierigen Trennung, Reindarstellung und spektralen Charakterisierung der in diesem Mineral enthaltenen Seltenen Erden wurden damit zu einem weiteren Themengebiet Bunsens[6], lange bevor er Auer von Welsbach vorschlug, sich mit der „Spektralanalyse Seltener Erden aus Gadolinit" zu befassen.

Der internationale, elitäre Charakter des Bunsen-Instituts geht aus Liste der Mitarbeiter und Schüler klar hervor, einem „Who is Who in Chemistry", das auch drei Nobelpreisträger aufweist. So erhielt Fritz Haber den Nobelpreis für seine Ammoniaksynthese aus den Elementen, Philip Lenard für die Kathodenstrahlenröhre und Adolf von Baeyer für Synthesen organischer Farbstoffe. Unter weiteren weltberühmten Wissenschaftern wie Adolph Kolbe, Edward Frankland, Friedrich Beilstein, Carl FW Ludwig, Victor & Lothar Meyer, Thomas E. Thorpe, Henry W. Roscoe, John Tyndall und Dimitri Mendeleev wären zweifellos noch mehrere Anwärter für den Nobelpreis gewesen, wäre dieser nicht erst von 1901 an verliehen worden. Bunsen hatte auch drei Wiener Schüler: Sechsundzwanzig Jahre vor Auer von Welsbach promovierte Adolf Lieben, später Ordinarius am II. Chemischen Institut in Wien, 1876 begann Josef Herzig, später Ordinarius für Pharmazeutische Chemie in Wien.

In diesem wissenschaftlich stimulierenden, zu Höchstleistungen anspornenden Klima verbrachte Carl Auer von Welsbach zwei Jahre (1880–82), arbeitete – wie erwähnt – über die Spektralanalyse Seltener Erden und wurde dann zum Doktor promoviert. Diese Arbeiten hat er – bereits nach Wien zurückgekehrt – veröffentlicht. Eine Doktorarbeit hat er – wie auch andere Schüler Bunsens – nicht verfaßt; Bunsen erachtete dies als nicht erforderlich.

Forschung – der Privatgelehrte

Als Auer von Welsbach nach der Promotion nach Wien zurückkehrte, hatte er das nötige Rüstzeug erworben, um selbständig und selbstverantwortlich zu arbeiten und in Kürze herausragende Ergebnisse zu erbringen. Sein Werdegang lässt die Relevanz des von der Europäischen Union angestrebten *Triangel des Wissens: Bildung, Forschung, Innovation"* erkennen, insbesondere welche Bedeutung darin einer exzellenten Ausbildung zukommt :

Bunsen als Vorbild und Lehrer bestimmte das Wissen Auer von Welsbachs, die Art und Weise, wie er an Probleme heranging und Strategien zu deren Lösung suchte, wie und welche experimentellen Methoden er einsetzte, wie er darin höchste Genauigkeit anstrebte, wie er Ergebnisse analysierte und diskutierte und Aspekte ihrer Verwertbarkeit in Betracht zog (In diesem letzteren Aspekt wich Auer von Welsbach allerdings vom Vorbild Bunsens ab: Bunsen interessierte der wissenschaftliche Wert von Ergebnissen und nicht deren kommerzielle Verwertung).

Auer von Welsbach war in der Lage, die in Heidelberg begonnene Forschung über Seltene Erden in Wien nahtlos fortzusetzen. Neben einem hervorragenden theoretischen Wissensstand und entsprechendem experimentellen Know-How in diesem Gebiet hatte er auch dafür wesentliche Geräte, Materialien und sogar Gesteinsproben von Heidelberg nach Wien transferiert. Diese Ausstattung erlaubte es Carl Auer von Welsbach unabhängig, als unbezahlter „Privatgelehrter" zu arbeiten, in einem Labor des 2. Chemischen Instituts, das er mietete. Der Vorstand des Instituts, Adolf Lieben war – wie schon erwähnt – ebenfalls Doktorand Bunsens, allerdings ein Viertel-Jahrhundert früher als Auer von Welsbach. Rein fachlich gab es zwischen dem Organiker Lieben und dem Anorganiker Auer von Welsbach vermutlich kaum Überschneidungen.

[5] Gustav V Kirchhoff, Robert Bunsen (1860) Chemical Analysis by Observation of Spectra. Ann. Phys. Chem. 110:161–89.

[6] Robert Bunsen (1866) Ueber die Erscheinungen beim Absorptionsspectrum des Didyms Ann. Phys. 204 (5):100–108.

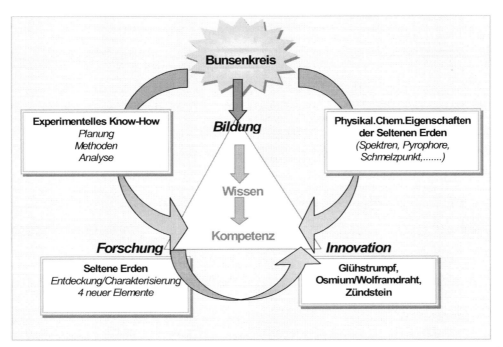

Abb. 3: **Das Dreieck des Wissens: Bildung – Forschung – Innovation**. Die Ausbildung am Bunseninstitut in Heidelberg war prägend für das Forschungsgebiet Auer von Welsbachs und die daraus resultierenden Innovationen

Betrachtet man die folgenden, äußerst forschungsintensiven und ergebnisreichen Jahre Auer von Welsbachs, so kann man nur mutmaßen, wie stark sein Vertrauen in sich selbst, in die Zukunft seiner Innovationen und deren humanitären Wert, aber auch in deren Marktpotential gewesen sein muß. Dementsprechend war er von Anfang an darauf bedacht, Erfindungen und deren sukzessive Verbesserungen umgehendst durch weltweite Patente abzusichern. Die Verwertung dieser Patente zu den bahnbrechenden Marktprodukten Gasglühlicht, Metallfadenlampe und Zündstein bildete die Basis für seine Popularität und wissenschaftliche Reputation, aber auch für seinen Reichtum, der ihm u. a. erlaubte, das High-Tech-Unternehmen in Treibach zu gründen.

Hinsichtlich der Veröffentlichung seiner wissenschaftlichen Ergebnisse fallen – gemessen an heutigen Usancen – zwei Eigentümlichkeiten auf:

Erstens: Auer von Welsbach hat wenig publiziert. In den über 40 Jahren zwischen erster und letzter Publikation wurden insgesamt nur 32 Arbeiten gezählt[7], überwiegend zum Leitmotiv seines Lebens, den Seltenen Erden: zur Entdeckung und Charakterisierung der vier neuen chemischen Elemente Praseodym, Neodym, Ytterbium, Lutetium und diesbezüglich geeigneten Trennverfahren und spektroskopischen Methoden (Tabelle 1). Eine zweifellos sehr große Fülle seiner wissenschaftlich wertvollen, weit über das Themengebiet „Seltene Erden" hinausgehenden Resultate ist damit nicht (mehr) zugänglich. Ob dies aus einer gewissen Arroganz eines „ich arbeite aus eigenem Interesse, nicht für die Anerkennung durch Andere" resultiert oder nur aus Gleichgültigkeit, sei dahingestellt.

Zweitens: Auer von Welsbach ist in allen Publikationen ebenso wie auch in seinen Patenten Allein-Autor (Ausnahme: Berichtigungen von Atomgewichten, in denen der Autor Otto Hönigschmid Auer als Zweitautor anführte, siehe Tab 1). Sicherlich war damals die heutige, unverhältnismäßig hohe Zahl an Autoren einer Publikation unüblich, viele der berühmten Zeitgenossen Auer von Welsbachs (wie etwa Bunsen, Roscoe, E. Fischer, v. Baeyer) publizierten jedoch zumindest gelegentlich gemeinsam mit Mitarbeitern, vor allem wenn diese entscheidend zur Arbeit beigetragen hatten. Bei den grandiosen Beiträgen, die z. B. Ludwig Haitinger zu Auer von Welsbachs Forschung & Entwicklung geleistet hat, erscheint dessen fehlende Berücksichtigung als seltsam.

---

[7] Elisabeth Crawford (2002). Nationalism and Internationalism in Science, 1880–1939: Four Studies of the Nobel Population. Cambridge University Press, p. 92.

Arbeitsstil und wissenschaftliche Kommunikation machen deutlich: Auer von Welsbach war ein Titan, unabhängig und seine Spielregeln selbst bestimmend.

Tabelle 1: Wesentliche Publikationen Carl Auer von Welsbachs (Quelle: Google, Google Scholar)

Jahr	Autor	Titel	Journal
1883	CA Welsbach	Über die Erden des Gadolinits von Ytterby	Monatshefte für Chemie
1884	CA Welsbach	Über die seltenen Erden	Monatshefte für Chemie
		Über die Erden des Gadolinits von Ytterby II	Monatshefte für Chemie
1885	CA Welsbach	Die Zerlegung des Didyms in seine Elemente	Monatshefte für Chemie
1906	CA Welsbach	Über die Elemente der Yttergruppe – I. Teil	Monatshefte für Chemie
1907	CA Welsbach	Bemerkungen über die Anwendung der Funkenspectren bei Homogenitätsprüfungen	Just.Liebigs Annal.Chem
1908	CA Welsbach	Die Zerlegung des Ytterbiums in seine Elemente	Monatshefte für Chemie
1909	CA Welsbach	Zur Zerlegung des Ytterbiums	Monatshefte für Chemie
1910	CA Welsbach	Über die chemische Untersuchung der Actinium enthaltenden Rückstände der Radiumgewinnung Mitteil. Radium-Kommission kaiserl. Akad. Wissenschaften I. Teil	Monatshefte für Chemie
1911	CA Welsbach	Notiz über die Elemente des Thuliums –	Monatshefte für Chemie
			Z. Anorg. Chemie
		Zur Zerlegung des Ytterbiums	Monatshefte für Chemie
1912	CA Welsbach	Über die Zerlegung des Terbiums in seine Elemente	Annalen der Physik
1913	CA Welsbach	Die Zerlegung des Ytterbiums in seine Elemente	Monatshefte für Chemie
1914	CA Welsbach	Die Zerlegung des Ytterbiums in seine Elemente	Z. Anorg. Chemie
		Das Atomgewicht des Ytterbiums	Z. Anal. Chem.
1923	CA Welsbach	Spektroskopische Methoden der analytischen Chemie	Monatshefte für Chemie
			Z. Anal. Chem
		Über die Öffnungsfunkenspektren und ihre Anwendung in der chemischen Analyse –	Annalen der Physik
(1927	Höningschmid, CA Welsbach	Revision des Atomgewichts des Dysprosiums. Analyse des Dysprosiumchlorids	Z. Anorg. Allg. Chemie)
		Revision des Atomgewichts des Yttriums. Analyse des Yttriumchlorids	Z. Anorg. Allg. Chemie
1928	Molos et al (25 Autoren)	Atomgewichte für 1928	Z. Anal. Chem

Innovationen und deren Akzeptanz

Wie lässt sich nun die hohe Akzeptanz der Erfindungen Auer von Welsbachs erklären und deren großer, anhaltender wirtschaftlicher Erfolg? In knappen Worten zusammengefaßt, scheinen mir folgende Aspekte wichtig:
- Die Erfindungen betrafen essentielle, noch nicht hinreichend abgedeckte Bedürfnisse
- Die Erfindungen waren überzeugend
- Das Marktvolumen für die Erfindungen war gigantisch
- Das Produktionsvolumen war groß genug um die Nachfrage abzudecken

Fraglos paßten aber auch Arbeitsweise, wissenschaftlicher Anspruch und wirtschaftliches Denken ausgezeichnet in den Stil der damaligen Gründerzeit. Auer von Welsbach wirkte authentisch, da er sein Arbeitsgebiet voll verkörperte - überzeugt von der Bedeutung seiner Forschung und bereit, für diese sich selbst und auch seine finanziellen Ressourcen einzusetzen. Ausgehend von seinem Stammgebiet, den Seltenen Erden und den dafür entwickelten Techniken, schlug er neue Wege ein: In kreativer Weise verknüpfte er dabei Erkenntnisse und Methoden der Heidelberger Zeit mit modifizierten/verbesserten und neuen Ansätzen, die er mit Ausdauer, hohem handwerklichen Können und enormem Einsatz zustande brachte. Dieser Einsatz wurde auch in der Presse entsprechend gewürdigt:

„Baron Auer ... ist ein genialer Mann, er verfügt über eisernen Fleiß und rastlosen Arbeitswillen. Tag und Nacht brütet der Gelehrte in seinem Laboratorium über neue wissenschaftliche Probleme auf den verschiedenartigsten Gebieten, und die Welt wird sicherlich über kurz oder lang mit weiteren Schöpfungen seines Geistes erfreut werden." (Illustrirtes Wiener Extrablatt am 8. Juni 1901)

Zum Ausgang des 19. Jahrhunderts war die Lichttechnik ein sehr aktuelles, hochkompetitives Feld, in welchem die neue elektrische Beleuchtung mittels der Edison'schen Kohlefadenlampe mit der früheren Gasbeleuchtung konkurrierte und gleichzeitig große Anstrengungen unternommen wurden, um diese noch mangelhaften Techniken zu verbessern. Die Innovationen Auer von Welsbachs schlossen somit an bereits Bekanntes an, waren daher für weite Kreise leichter verstehbar und ließen die Machbarkeit seiner Vorhaben und die damit erzielbaren Vorteile plausibel erscheinen.

Das prinzipielle Funktionieren des Gasglühlichts hatte der Franzose Clamond einige Jahre früher als Auer von Welsbach gezeigt und damit 1883 auf der Ausstellung im Londoner Kristall-Palast positive Anerkennung erreicht:

"In this burner, which is a French invention, the light is produced by burning ordinary coal gas within a basket of magnesia, which is thereby brought to a high state of incandescence, and from which a white, steady light is radiated....... . It is claimed for the light produced that it will stand comparison with the electric light"[8]

Der wirtschaftliche Erfolg blieb aber erst dem überlegenen Auer'schen Gasglühlicht vorbehalten: Es überzeugte nicht nur durch die hohe Lichtausbeute des Thoriumoxyd-Ceroxyd-Glühstrumpfs und eine Lebensdauer von 1000 h, sondern auch durch die niedrigen Energiekosten. Damit konnten die damals am Markt befindlichen elektrischen Glühlampen nicht konkurrieren, auch auf Grund der damals sehr hohen Strompreise.

Die Möglichkeit einer elektrischen Beleuchtung mittels Glühlampen war bereits in den 1850er Jahren von Heinrich Goebel gezeigt worden und von Swan und Edison in der Form der Kohlefadenlampe zur Marktreife gebracht worden. Aber erst die bahnbrechenden Arbeiten Auer von Welsbachs zur Pulvermetallurgie ermöglichten ihm die Konstruktion der Metallfadenlampe, welche die elektrische Beleuchtung rentabel machte und ihr zum Durchbruch verhalf: Die Verwendung der hochschmelzenden Metalle Osmium und später Wolfram hatte, neben anderen Vorteilen, zu einer mehr als dreifachen Steigerung der Lichtausbeute gegenüber der Kohlefadenlampe geführt. Ein Inserat der Auergesellschaft Berlin aus dem Jahr 1910 wirbt demnach mit: *„½ Pfennig die Brennstunde für elektrisches Licht"* und *„jede 16-kerzige (ca. 40W) Osram-Lampe erzielt in 1000 Stunden ca. 23 Mark Ersparnis"* gegenüber einer 16-kerzigen Kohlefadenlampe, bei einem Strompreis von 60 Pfennig/kWh (um diese Zeit lagen mittlere Jahres-Einkommen in Deutschland zwischen 2000 und 5000 Mark).

Pyrophore Eigenschaften von Metallpartikeln waren lange bekannt und wurden auch technisch angewandt. Vor der Erfindung Auer von Welsbachs 1903 wurden Legierungen mit Uran (Ferro-Uran, Kohlenstoff-Uran) als Zündsteine für das Anzünden von Gaslampen verwendet.[9] Es war zweifellos eine besondere kreative Leistung, als Auer von Welsbach in dem Abfallprodukt seiner Glühstrumpf-Erzeugung, dem Seltenen Erde Metall Cer, das Potential zu einem wesentlich abriebfesteren Zündstein erkannte und daraus ein Weltprodukt entwickelte:

„Wir haben vor kurzem in Treibach mit der industriellen Herstellung des Cer-Eisens begonnen, und da habe ich heute den Kindern zum ersten Mal das Funkensprühen meiner Erfindung gezeigt und dabei zu ihnen gesagt „Kinder seht her - dieses Funkensprühen wird noch einmal seinen Weg über die ganze Welt nehmen!"[10]

Entwicklung und Vermarktung

Auer von Welsbach besaß einen sechsten Sinn für vermarktbare Forschungs-Ergebnisse und daraus resultierendes Unternehmertum, aber auch für entsprechende Werbung für sich selbst und seine Produkte. Er war gerade 27 Jahre alt, als er das Patent für das erste „Gasglühlicht" erhielt (einen modifizierten Bunsenbrenner, der den Glühkörper „Actinophor" zum Strahlen brachte), 29 Jahre, als er eine ehemals chemisch-pharmazeutische Firma in Wien-Atzgersdorf erwarb, um dort (allerdings noch mit Mangel behaftete) Glühstrümpfe bereits in kommerziellem Maßstab herzustellen, und 33 Jahre, als der nun ausgereifte Glühstrumpf seinen globalen Siegeszug anzutreten begann. Der durchschlagende materielle Erfolg steigerte die Popularität Auer von Welsbachs und

8 The Clamond gas burner Sci.Am.Suppl., No. 561, October 2, 1886.

9 Robert J.Schwankner et al., (2005) Strahlende Kostbarkeiten. Phys.Unsere Zeit 36 Jg.(4):160–167.

10 Augenblicke. wwwapp.bmbwk.gv.at/kalender0731/augen0731e.html

zeigte weiters auch, welcher Nutzen sich aus einer Verbindung von akademischer Forschung und kommerzieller Nutzung ergeben kann:

„Die bekannte Erfindung Auers, aus dem chemischen Universitätslaboratorium des Prof. Lieben hervorgegangen, ist die Frucht einer rein wissenschaftlichen Untersuchung über die chemische Natur der sogenannten chemischen Erden. Was hat diese Entdeckung allein dem Fiskus eingetragen! Abgesehen von allem, was drum und dran hängt, zahlt allein die Wiener Gasglühlichtfabrik in einem Jahre mehr an Steuern, als die Dotation aller chemischen und physikalischen Institute sämtlicher österreichischer Universitäten seit ihrem Bestande zusammengenommen betragen.[11]

Um Innovationen zu kommerziellen Produkten umsetzen zu können, bestand damals – wie auch heute – die Hauptschwierigkeit darin, ausreichende finanzielle Ressourcen für die nötigen Investitionen aufzutreiben. Die anfänglichen Forschungs- und Entwicklungsarbeiten Carl Auer von Welsbachs und sein Start als Unternehmer waren durch Vermögenswerte aus Familienbesitz und dem Erlös früher Patente gedeckt, nicht aber die Investitionen in Fabrikanlagen und deren Ausstattung, Rohmaterialien sowie in geeignetes Personal, wie sie für eine Serienproduktion in großtechnischem Maßstab des Gasglühlichts und später der Metallfadenlampe benötigt wurden. Hier fand Carl Auer von Welsbach in dem Bankier Leopold Koppel einen passenden, visionären Partner. Koppel, ein Selfmade-Mann, der sich vom kleinen Bankgehilfen zum Millionär und Bankbesitzer emporgearbeitet hatte, erkannte das Potential, das in Auer's Erfindungen steckte. Als Investor gründete er 1892 zusammen mit Carl Auer von Welsbach als Erfinder die Deutsche Gasglühlicht Gesellschaft (später Auergesellschaft) mit dem Hauptsitz in Berlin und Tochterunternehmen in Österreich, England (Welsbach Company) und USA.

Zu Qualität und Attraktivität des Standortes Berlin trug Koppel auch in anderer Hinsicht erheblich bei. Er hatte einen untrüglichen Sinn für Spitzenwissenschaft und begriff, daß naturwissenschaftliche Grundlagenforschung die Triebkraft für wirtschaftlich erfolgreiche Unternehmen sein müsse. Als 1911 die Kaiser-Wilhelm-Gesellschaft (KWG, nach dem zweiten Weltkrieg in Max-Planck-Gesellschaft umbenannt) gegründet wurde, die frei von den Lehrverpflichtungen an Universitäten der reinen akademischen Grundlagenforschung dienen sollte, finanzierte Koppel mit einer Million Goldmark in Berlin das erste KW-Institut. An diesem Institut für Physikalische Chemie und Elektrochemie wurde auf Koppels Betreiben der ehemalige Bunsen-Schüler und spätere Nobelpreisträger Fritz Haber Direktor. 1917 leistete Koppel einen weiteren essentiellen Beitrag zur Entstehung des KWI für Physik und Bestellung seines ersten Direktors Albert Einstein.

Ohne detailliert auf die wirtschaftlichen Erfolge eingehen zu wollen, sollte doch der kommerzielle Durchbruch des Gasglühlichts in der Lichttechnik erwähnt werden, von dem bereits im ersten Jahr 300 000, im zweiten 500 000 Brenner verkauft wurden (zu einem Stückpreis von 5 M); dementsprechend stiegen die Aktienkurse rasant und hatten sich bis 1913 auf das siebenfache erhöht. Sidney Mason, Direktor der Welsbach Company, gab allein in den USA einen jährlichen Umsatz von 80 Millionen Glühstrümpfen an und vergaß nicht den essentiellen Beitrag der Grundlagenforschung zu diesem Erfolg zu erwähnen:

„No article more strikingly emphasizes the importance of the science of chemistry than does the incandescent gas mantle, which owes both its inception and development, up to the towering output in the United States alone of upwards of 80,000,000 mantles annually, to the untiring effort of chemical research. This industry, founded on the remarkable discovery and invention of Baron Carl Auer von Welsbach almost thirty years ago, …, a chemist and scientist of world-wide reputation, who having as a lad been engaged in a scientific study of the rare earths, observed the phenomena that suggested to him a new system of gas illumination.[12]

Die Auer-Koppel'sche Firmengründung erwies sich als nachhaltig. Mit dem beginnenden Siegeszug der Wolframfadenlampe – nach deren 1906 erhaltenen Warenzeichen – in OSRAM GmbH umbenannt, fusionierte dieser Konzern nach dem 1. Weltkrieg mit den Konkurrenten AEG und Siemens. Mehr als hundert Jahre nach der Gründung ist die OSRAM GmbH (heute im Besitz der Siemens AG) ein „Global Player" in der Lichttechnik mit einem Marktanteil von 19 %, einem Umsatz von 4,69 Milliarden € und mehr als 41 000 Beschäftigten in rund 50 Tochterunternehmungen in aller Welt (Osram GmbH, Geschäftsbericht 2007).

---

[11] Adolf Holzhausen (1902) Denkschrift über die gegenwärtige Lage der Philosophischen Fakultät der Universität Wien.

[12] Sidney Mason (1915) Contribution of the chemist to the incandescent gas mantle industry. J.Industr.Engin.Chem. April 1915, p.279.

Erfolgreich und wirtschaftlich stabil erwiesen sich auch die Treibacher Chemischen Werke und nach wie vor sind in dem nun erweiterten Produkte-Portfolio Seltenerd-Metalle und Zündsteine enthalten. 110 Jahre nach der Gründung sind die Treibacher Chemischen Werke heute ein export-orientiertes Unternehmen mit 670 Beschäftigten und 515 Millionen € Jahresumsatz (Treibacher Industrie AG, Daten und Fakten 2007).

AUER VON WELSBACH UND DIE MODERNE FORSCHUNG & ENTWICKLUNG

Verfahrensweisen und Anforderungen an Produkte haben sich seit der Zeit Auer von Welsbachs grundlegend verändert. Eine prioritäre Rolle spielen heute u. a. Sicherheitsaspekte in Hinblick auf Einrichtungen, Methoden, Materialien, Mitarbeiterschutz und Sicherheit von Produkten. Die entsprechenden Auflagen und deren Kontrolle hätten sicherlich einige der Arbeiten Auer von Welsbachs stark behindert, wenn nicht überhaupt unmöglich gemacht. Dies trifft insbesondere auf den Umgang mit radioaktiven Materialien zu, deren Gefährlichkeit man damals noch nicht abschätzen konnte. Eine Reinigung von mehreren Gramm Radiumchlorid aus 10 Tonnen Pechblende, unter Bedingungen wie sie in der Atzgersdorfer Gasglühlichtfabrik durchgeführt wurde, wäre heute ausgeschlossen.

Schwierigkeiten hätte Auer von Welsbach aber auch mit einem seiner wichtigsten Materialien, dem schwach radioaktivem ^{232}Thorium, gehabt. Sicherheitsvorkehrungen bei der Aufreinigung des Thoriums und Verarbeitung zu Glühstrümpfen ebenso wie die Entsorgung von radioaktiven Rückständen (wo befinden sich diese jetzt?) würden heute die Produktion verteuert, verlangsamt und damit wahrscheinlich in Richtung der „sichereren" elektrischen Produkte verschoben haben. Dazu kämen auch noch Absatzschwierigkeiten: Thorium-enthaltende Glühstrümpfe sind in mehreren europäischen Staaten (Italien, Holland, Schweiz) verboten; in Österreich – weit über der Freigrenze für ^{232}Th – müssen sie als radioaktiv deklariert werden und als Sondermüll entsorgt. (Nach einer kürzlich erschienenen Studie enthalten Glühstrümpfe bis zu 1000 mg ^{232}Th entsprechend ca. 5000 Bq.[13])

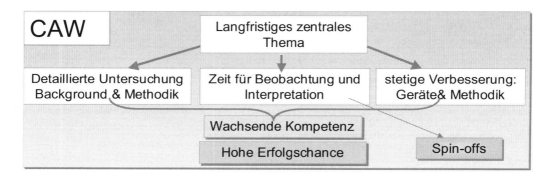

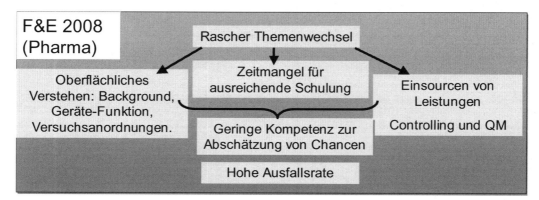

Abb. 4: **Vorgangsweisen in Forschung & Entwicklung (F&E).** Unterschiedliche Ansätze bei Carl Auer von Welsbach (CAW, oberes Bild) und in der modernen Pharmazeutischen Industrie (unteres Bild)

---

[13] Karin Poljanc et al., (2007) Beyond low-level activity: On a "non-radioactive" gas mantle Sci Total Envir.374:36–42

Heute geltende Regeln hätten zwar Auer von Welsbach zu Veränderungen seines Produktespektrums veranlaßt, wahrscheinlich aber nur geringen Einfluß gehabt auf dessen gesamten Umfang und Bedeutung. Lassen sich nun daraus Erfolgsrezepte ableiten, in welcher Art und Weise Durchbrüche in Grundlagenforschung und angewandter Forschung erzielt werden können? Ein Vergleich der Vorgangsweise Auer von Welsbachs mit der von forschungsintensiven Industriezweigen der Jetztzeit, im konkreten Beispiel der pharmazeutischen Industrie, zeigt gravierende Unterschiede (Abbildung 4).

Auer von Welsbach hat sich lebenslang mit seinem zentralen Thema, den Seltenen Erden, beschäftigt. Er arbeitete nach seinem eigenen Zeitplan und hatte ausreichend Zeit, seine Beobachtungen erschöpfend zu analysieren, zu interpretieren und auf ihre allgemeine Bedeutung zu hinterfragen: Die Frage nach dem „Warum?" führte zu mehr und mehr Einblick in die komplexe Materie. Auf die Frage „Wofür?" fand er in kreativer Weise Anwendungsmöglichkeiten. Die Frage „Wie?" resultierte in der kontinuierlichen Verbesserung von apparativen Einrichtungen und Methoden und damit in technologischen Durchbrüchen. Auer von Welsbach war Forscher und Entwickler in einem – als Forscher konnte er Probleme der Entwicklung abschätzen und zu vermeiden versuchen, als Entwickler löste er Probleme umgehendst im eigenen Labor. Hohe wissenschaftliche und technische Kompetenz verbunden mit Flexibilität des F&E Prozesses waren sicherlich essentielle Parameter zur Steigerung der Erfolgschancen.

Ein unterschiedliches Szenario bietet sich in modernen Pharma-Konzernen, kürzlich von dem Spitzenwissenschafter P. Cuatrecasas in kritischer Weise so beschrieben:

"Most corporations' top management does not understand the complexities of science, its mode of conduct or objectives, and runs the companies in ways that stifle creativity and innovation. ...... Shareholders, investment bankers, and analysts, who know little about drug discovery, place intense pressures on CEOs and their boards for quick returns"[14]

Die Suche nach raschem Erfolg hat einen raschen Wechsel der Zielvorgaben zur Folge und damit bleibt ungenügend Zeit für ausreichende Einschulung, Aufbau von Wissen und Kompetenz im jeweiligen Fachgebiet. Die entsprechenden Kenntnisse sind demnach häufig oberflächlich: Um mangelhaftes Verstehen der zu untersuchenden Vorgänge und zielführenden Techniken zu kompensieren, wird dann nach starren Vorschriften („Standard Operation Procedures – SOP's)" gearbeitet, die – begleitet von Qualitätskontrolle und Qualitätsmanagement – die persönliche Arbeitsweise rechtfertigen sollen. In zunehmenden Maße werden wesentliche Untersuchungen auch an externe Auftragsfirmen vergeben („outsourced") und damit die Chance auf eigene Erfahrung vertan. Mangelnde Kompetenz führt dann zu unrichtiger Abschätzung von Potential und Risiko von Entwicklungsprodukten und in weiterer Folge zu dem aktuellen Problem einer äußerst niedrigen Erfolgsrate bei gleichzeitig enormen Entwicklungskosten und überlanger Entwicklungsdauer.

Mit einem Blick in die Vergangenheit hat der oben genannte Cuatrecasas einen essentiellen Faktor für Erfolg genannt, der weit über Pharma hinaus Gültigkeit haben sollte:

"An indispensable success factor, which today has virtually disappeared, is the role of "champions." Every successful drug has had at least one individual who in some way became a strong proponent for its development. This person(s) fostered understanding, encouragement, enthusiasm, patience, commitment, and assured the necessary resources".[14]

Beschreibt dieses Zitat nicht auch die Persönlichkeit Auer von Welsbachs? Braucht ein mit diesen Eigenschaften ausgezeichneter Champion nicht auch enorme Kräfte, um seine Zielsetzungen durchzusetzen – die Kräfte eines Titanen?

Brauchen wir denn heute nicht auch noch Titanen?

Weitere Informationen:
http://www.uni-heidelberg.de/institute/fak12/DC/hist.html Geschichte der Fakultät für Chemie
http://people.clarkson.edu/~ekatz/scientists/bunsen.html Evgeny Katz, Clarkson University, NY.
www.althofen.at/welsbach.htm

---

[14] Pedro Cuatrecasas (2006) Drug discovery in jeopardy. J.Clin.Invest 116 (11):2837–2842

Carl Auer von Welsbach als Schüler berühmter Lehrer

R. W. Soukup

Die Geschichte der Naturwissenschaften kennt zahlreiche Beispiele von großartigen Forschern, die großartige Lehrer hatten. In der Biografie des Carl Auer von Welsbach gibt es vier bedeutende Lehrer.

Der erste und vielleicht auch schon der wichtigste Lehrer im Leben des jungen Carl war sein früh verstorbener Vater. Es gibt etliche Hinweise, dass der große Chemiker sein ganzes Leben lang mit Dankbarkeit und Hochachtung an seinen Vater gedacht hat. Es wird beispielsweise berichtet, dass der Entdecker und Erfinder am Abend vor seinem Tod, den er kommen sah, lange das Bild seines Vaters betrachtete.[1]

Carls Vater, Alois Ritter Auer von Welsbach, stammte aus einfachsten Verhältnissen. Die Vorfahren der Familie Auer waren Flößer auf der Traun. Sie wohnten am Mühlbach in Wels in Oberösterreich – am „Welsbach".

Alois Auer war Setzerlehrling in einer kleinen Druckerei in Wels. Mit Feuereifer widmete er sich in seiner freien Zeit der Lektüre der deutschen Schriftsteller und dem Sprachstudium. Als Schriftsetzer gelang ihm eine typografisch ansprechende Grammatik für die französische und die italienische Sprache. Er wurde damit am Wiener Hof bekannt. Sowohl Minister Graf Kolowrat als auch Staatskanzler Fürst Metternich zählten zu seinen Gönnern. 1841 wurde ihm die Direktionsstelle der Hof- und Staatsdruckerei übertragen.

Zahlreiche Neuerungen kennzeichnen die Direktion des Alois Auer. Besonders hervorzuheben ist die Zusammenarbeit mit der Universität. 1853 – fünf Jahre vor der Geburt seines Sohnes Carl – machte Alois Auer eine bedeutende Erfindung: den Naturselbstdruck. Es war sein Verdienst, dass aus der Staatsdruckerei ein Musterbetrieb geworden ist. Auf allen Weltausstellungen wurden Preise eingeheimst, selbst Alexander von Humboldt lobte die Leistungen „des Herrn Director Auer in Wien". Alois Auer wurde Gründungsmitglied der Akademie. Schließlich wurde ihm 1860 das Prädikat Ritter von Welsbach verliehen.

Sein Sohn Carl kam am 1. September 1858 im damaligen Haus der Staatsdruckerei in der Singerstraße zur Welt. Als Alois Auer von Welsbach starb, war Carl gerade erst 11 Jahre alt.

Carl besuchte zwei Jahre lang eine Privatvolksschule, dann den Löwenburg-Konvikt in der Piaristengasse. Von 1869 bis 1873 besuchte er das Realgymnasium in Wien-Mariahilf. 1873 wechselte er an die Realschule in der Josefstadt, wo er die 1877 die Reifeprüfung ablegte. Danach diente er als Einjährig-Freiwilliger in einem Festungsartilleriebataillon.

Franz Sedlacek hat in seiner Biografie von 1934 vergessen darauf hinzuweisen, dass Carl Auer nicht nur an der Universität Wien immatrikuliert war, sondern auch an der Technischen Hochschule.[2] Im Hauptkatalog der TH für das Studienjahr 1877/78 findet man die Notiz über die Ableistung des Militärdiensts.[3] 1878/79 hat er dann als Leutnant der Reserve bei Professor Alexander Bauer im Wintersemester „Anorganische Chemie" gehört und im Sommersemester „Organische Chemie", außerdem besuchte er eine Mathematik-Vorlesung. Die Vorlesungen „Physik für Chemiker" und „Mechanische Wärmetheorie", die Prof. Reitlinger lesen hätte sollen, hatten nicht stattgefunden. 1879/80 besuchte er die Vorlesung „Allgemeine und angewandte Physik" bei Prof. Victor Pierre[4] und „Mathematik II" bei Prof. Winkler – allerdings nur bis zum 16. März 1880.

---

[1] Wesentliche Daten sind entnommen aus: F. Sedlacek, „Auer von Welsbach", Blätter für Technikgeschichte 2, Wien 1934. Zusätzliche Informationen aus: R. Adunka, „Carl Auer von Welsbach – Das Lebenswerk eines österreichischen Genies", Plus Lucis 1/2000, S. 24–26.

[2] K. Peters, „Carl Freiherr von Welsbach. Zum Gedenken anläßlich des 100. Geburtstages", Blätter für Technikgeschichte 20, Wien 1958;

[3] Archiv der TU Wien, Hauptkatalog.

[4] Victor Pierre, geb. 1819 in Wien, gest. 1886 in Wien, war Dr. med. et. phil., o. Prof. für Physik, Dekan und Prodekan an der Universität Lemberg. Ab 1866 las er Elektrotechnik am kk. Polytechnischen Institut in Wien.

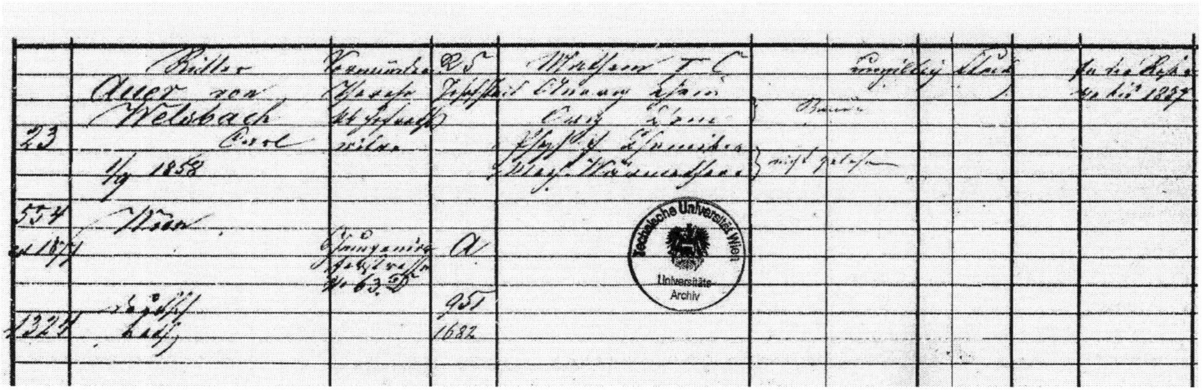

[table reproduced as figure]

Abb. 1: Auszug aus dem Hauptkatalog der TH Wien für das Studienjahr 1878/89. Reproduktion mit Genehmigung der TU Wien.

Auer von Welsbachs erster Chemielehrer an einer Hochschule war also Alexander Bauer. Bauer war 1836 in Ungarisch Altenburg zur Welt gekommen.[5] Er hatte am kk. Polytechnischen Institut zusammen mit seinem Freund Adolf Lieben studiert. Adolf Lieben und Alexander Bauer hatten das Glück, Vorlesungen bei den bedeutendsten Lehrern ihrer Zeit zu hören, z.B. bei Schrötter von Kristelli in Wien und Alexander Wurtz in Paris.

Bauer begann seine Karriere (wie so viele bedeutende österreichische Chemiker) als Professor an der Handelsakademie am Karlsplatz. Er konnte sich 1861 am kk. Polytechnischen Institut habilitieren. 1869 hat man Prof. Bauer als Ordinarius für Chemische Technologie ans Polytechnische Institut berufen. Von 1876 an war Bauer Professor für Allgemeine Chemie an der Technischen Hochschule.

Abb. 2: Prof. Alexander Bauer
(1836–1921)

Bauer hatte sich große Verdienste um die Umwandlung des Instituts in eine Hochschule erworben. Er war von 1871 bis 1873 Mitglied des Wiener Gemeinderats.

Prof. Bauer hatte drei Töchter Brenda, Georgine und Minnie. Georgine heiratete 1886 einen anderen Studenten Bauers, einen Ledertuchfabrikantensohn aus Wien-Erdberg namens Rudolf Schrödinger. Bauer wurde als Ergebnis dieser Heirat zum Großvater des Nobelpreisträgers Erwin Schrödinger.[6]

Es ist verbürgt, dass Prof. Bauer es verstanden hat, die Studierenden für die Chemie zu begeistern. Seine Vorlesung war immer auf dem allerneuesten Stand der Wissenschaft. Bauer war auch der erste Chemiehistoriker Österreichs. Er vermittelte den jungen Menschen von Anfang an tiefe Einblicke in die faszinierende Geschichte der von ihnen gewählten Wissenschaft.

Wahrscheinlich vom Ordinarius am II. Chemischen Institut der Universität Wien, dem Bunsenschüler Prof. Adolf Lieben beeinflusst beschließt Auer von Welsbach sein Studium bei Bunsen in Heidelberg fortzusetzen. Im Frühjahr 1880 verlässt Auer von Welsbach Wien und geht nach Heidelberg.

Robert Wilhelm Bunsen war sicherlich der bedeutendste Anorganiker seiner Zeit. Alle kennen den Bunsen-Brenner, der ja auch für Carl Auer von Welsbach noch sehr wichtig werden wird, nämlich bei der Konstruktion seiner ersten Glühstrumpflampen, dem späteren Auer-Licht. Der Brenner war von Bunsen 1860 zusammen mit seinem Universitätsmechaniker Peter Desaga entwickelt worden, um ein genügend helles Leuchten bei den Flammenfärbungen von Salzen zu erzeugen. Es ging darum neue Spektrallinien zu finden. 1860/61 konnten er und Kirchhoff zwei neue Elemente entdecken, das Cäsium und das Rubidium.

---

[5] A. Fischer, „Bauer Alexander", in: W. R. Pötsch et. al., Lexikon bedeutender Chemiker, Verl. Harri Deutsch, Thun u. Frankfurt 1989, S. 31.

[6] G. Kerber, A. Dick, W. Kerber, Dokumente, Materialien und Bilder zur 100. Wiederkehr des Geburtstages von Erwin Schrödinger, Fassbaender, Wien 1987, S. 9f.

Aus Carl Auer von Welsbachs Heidelberger Zeit ist bekannt, dass Bunsen sich lebhaft für den jungen Wiener interessierte und sich viel mit ihm beschäftigte. Auers Interesse für die sogenannten Seltenen Erden ist von Bunsen sehr gefördert worden. Bunsen hätte Auer gern als seinen Assistenten behalten. In Heidelberg lernt Auer von Welsbach alles, was er bei seinen späteren Arbeiten benötigen wird. Hier sieht er, wie Seltenerdoxide in der Flamme des Brenners hell leuchten. Hier in Heidelberg wird er vertraut mit der von Dimitri Mendeleev entwickelten Trennmethode der fraktionierten Kristallisation mit Hilfe der Ammoniumdoppelnitrate.

Mendeleev hat sich von 1859 bis 1861 in Heidelberg aufgehalten. Der heute bedeutendste Mendeleev-Forscher Prof. Masanori aus Japan berichtet, dass Mendeleev ursprünglich im Laboratorium Bunsens gearbeitet hat. Aber neben ihm arbeitete ein Kollege mit stinkenden Schwefelverbindungen. So verließ Mendeleev das Bunsensche Labor und richtete sich ein eigenes Laboratorium in seiner Unterkunft ein. Es gab damals eine regelrechte russische Kolonie von Chemiestudenten und damit einen intensiven Kontakt zwischen Heidelberg und St. Petersburg. 1873 hat Mendeleev die Methode der fraktionierten Kristallisation für die Trennung von Lanthan und Didym vorgeschlagen.

Schließlich lernt Auer von Welsbach in Heidelberg die Elektrolyse von wasserfreien Salzschmelzen zur Gewinnung der verschiedensten Metalle kennen. Und er lernt von Bunsen mit dem Spektralphotometer zu arbeiten.

Wir müssen uns vergegenwärtigen, dass Auer von Welsbach in einem ganz besonderen Jahr nach Heidelberg gekommen ist. Mendeleev hatte 1870 unter anderem das Element Eka-Bor(on) vorhergesagt. 1879 ist dieses Element (das Scandium) von Lars Fredrik Nilson (1840–1899) in Uppsala entdeckt worden – und zwar in einem Seltenerdmineral.[7] Auer von Welsbach wurde damit beauftragt, mit der von Nilson „gereinigten Ytterbium-Erde" weiter zu arbeiten.

Bei Bunsen muss Auer von Welsbach auch einiges über den ehemaligen Schüler Bunsens Bohuslav Brauner erfahren haben. Bohuslav Brauner (1855–1935) und Carl Auer von Welsbach hatten vieles miteinander gemeinsam: Beide hatten zunächst das gleiche Forschungsgebiet: die Seltenen Erden, speziell die Zerlegung des 1840 entdeckten Didyms. Beide verwendeten die gleichen Methoden, nämlich vor allem die Bestimmung der Atommasse. Brauner hatte Heidelberg 1879 verlassen, wenige Monate danach inskribierte sich Auer von Welsbach an der Ruprecht-Carls-Universität.

Frau Prof. Soňa Štrbáňová aus Prag legte beim Lieben-Symposium 2006 bislang unbekannte Dokumente des Prioritätsstreits über die Entdeckung neuer chemischer Elemente zwischen Carl Auer von Welsbach aus Wien und Bohuslav Brauner, Professor an der Karls-Universität in Prag, vor.

Die Entdeckung des Carl Auer von Welsbach, dass das vermeintliche Element Didym aus eigentlich zwei Elementen (Praseodym und Neodym) besteht, fällt ins Jahr 1885. Brauner hatte bereits 1883 in Roscoes Laboratorium in Manchester am gleichen Problem gearbeitet. Er hat eine Arbeit veröffentlicht, in der er schildert, wie er das Didym in zwei (bzw. sogar drei) Komponenten zerlegt: Di(alpha) und Di(beta). Er bestimmt die Atommasse richtig, verabsäumt es aber, die Substanzen näher (z.B. durch Spektrallinien) zu charakterisieren, wie es Auer von Welsbach tat, der übrigens die falschen Atomgewichte publizierte. Es kam 1908 zu einer Auseinandersetzung zwischen den beiden Wissenschaftlern, die sogar vor Gericht ausgetragen wurde. Brauner gab schließlich – warum ist nicht völlig klar – eine Erklärung ab, in der er Auers Priorität bekräftigte.

1882 legt Carl Auer von Welsbach die Rigorosen bei den Professoren Bunsen, Kopp, Quincke und Rosenbusch ab, promoviert ohne Dissertation und geht nach Wien zurück. In Wien mietet er am II. Chemischen

---

[7] Vom intensiven Kontakt Nilsons zu Bunsen wissen wir seit kurzem Dank der Rechercheergebnisse zur Bunsen-Bibliothek. Diese Bibliothek hat Carl Auer von Welsbach wenige Jahre nach dem Tod seines Lehrers in Heidelberg 1899 erworben. Seit 1905 befanden sich alle Bücher, die Robert W. Bunsen zu Lebzeiten besessen hat, in Treibach in Kärnten – und zwar in 75 Transportkisten verpackt. Weitgehend unberührt harrten diese Kisten beinahe 100 Jahre ihrer Entdeckung. Auer von Welsbach wollte die Bibliothek zwar katalogisieren lassen, war aber nur bis zum Buchstaben „H" gekommen. Er hatte wohl auch nie die Zeit gefunden in den Büchern, Zeitschriften und Sonderdrucken zu lesen. Ganz besonders interessant sind natürlich alle Monografien und Sonderdrucke, die Bunsen von seinen zahlreichen Freunden und vor allem von seinen vielen Schülern aus aller Welt geschenkt bekommen hat. Wir finden in einer großen Zahl der Bücher persönliche Widmungen. Siehe: G. Klinger, http://www.althofen.at/AvW_Museum/Materialien/BunsenBibl.%20alphabet..xls und R. W. Soukup und A. Schober, Eine Bibliothek als beredte Zeugin eines umfassenden Wandels des wissenschaftlichen Weltbildes. Teil I: Die Autoren der Werke der Bibliothek Robert Wilhelm Bunsen in Kurzbiografien, http://www.althofen.at/AvW_Museum/Materialien/Autoren_der_Bunsenbibliothek.doc

Abb. 3: Die Familie Lieben um 1885. Von links nach rechts: Rudolf Auspitz; Adolf Lieben; Helene Auspitz, geb. Lieben; Ida Lieben; Elise Lieben, geb. Lewinger; Richard Lieben; Leopold von Lieben; Anna von Lieben, geb. Todesco.

Institut bei Prof. Adolf Lieben einen Laboratoriumsarbeitsplatz, um die in Heidelberg begonnenen Forschungsvorhaben fortzuführen.

Adolf Lieben war ein Jugendfreund Alexander Bauers.[8] Beide hatten gemeinsam Vorlesungen und Übungen am kk. Polytechnischen Institut bei Schrötter sowie an der Universität bei Redtenbacher absolviert. Lieben war zur weiteren Ausbildung 1855 nach Heidelberg gegangen. Auch Adolf Lieben war also ein Bunsenschüler. Aber Bunsen hatte damals noch nicht mit der Spektralanalyse begonnen. Bunsen stellte damals die Metalle Chrom, Magnesium, Aluminium, Mangan (zusammen mit Roscoe) durch Elektrolyse her. Lieben promovierte bei Bunsen 1856.

Als Jude konnte Adolf Lieben nicht einfach österreichischer Professor werden. Er wurde zunächst Professor in Palermo, dann in Turin, später in Prag. Er wurde erst 1875 zum Vorstand des II. Chemischen Instituts in Wien berufen. 1879 wurde Lieben wirkliches Mitglied der kaiserlichen Akademie der Wissenschaften. 1880 gründete er zusammen mit Ludwig Barth die „Monatshefte für Chemie".

Es gibt eine Fotografie der Familie Lieben von etwa 1885, also jener Zeit, als Auer im Laboratorium Liebens in der Währingerstraße arbeitete (Abb. 3). Zu diesem Zeitpunkt war Adolf Lieben noch nicht verheiratet. Eine Verlobung mit der berühmten Franziska von Wertheimstein hatte gelöst werden müssen, da die Dame an einer Neurose, nämlich einer Berührungsphobie litt.

Auch unter den weiblichen Mitgliedern der Familie Lieben gab es Neurotikerinnen. Die berühmteste unter ihnen war Anna von Lieben, geb. Todesco. Ihr Arzt war der junge Dr. Sigmund Freud. Freud nannte Anna "seine Lehrmeisterin". Sie hat Freud überhaupt auf die Idee gebracht, dass man Kranke über ihre psychische Krankheit reden lassen soll, und sie war es, die dem Arzt Einblicke in die sexuelle Natur der Krankheit gab. Freud gab seiner Patientin das Pseudonym „Cäcilie M." und apostrophierte sie als seine „Primadonna".[9] Die Psychotherapie verdankt dieser Hysterikerin bis zu einem gewissen Grad ihre Entstehung.

Der Vater Adolf Liebens, Ignaz Lieben, der das Geld für den wissenschaftlichen Preis, den Ignaz Lieben Preis, gestiftet hat, war zum Zeitpunkt der Fotografie schon tot. Die Mutter lebte noch. Sie war es eigentlich, die die größten Vermögensanteile in die Familie eingebracht hat.[10]

[8] A. Lieben, „Erinnerungen an meine Jugend- und Wanderjahre", Festschrift Adolf Lieben zum fünfzigsten Doktorjubiläum und zum siebzigsten Geburtstage, Leipzig 1906, S. 1–20; A. Bauer, „Adolf Lieben. Erinnerungen eines alten Freundes", Österr. Chemikerzeitung 17, 1914, S. 164f.; W. Soukup, „Adolf Lieben – Nestor der organischen Chemie in Österreich", in: E. Fuks und G. Kohlbauer, Die Liebens. 150 Jahre Geschichte einer Wiener Familie, Böhlau-Verl., Wien 2004, S. 125ff.

[9] K. Rossbacher, Literatur und Bürgertum, Böhlau-Verl., Wien 2003, S. 452ff.; M.-Th. Arnbom, Friedmann, Gutmann, Lieben, Mandl, Strakosch. Fünf Familienporträts aus Wien vor 1938, Böhlau-Verl. Wien 2002, S. 187.

[10] Mitteilung von Dipl. Ing. Georg Gaugusch.

1886 heiratet Adolf Lieben Baronin Mathilde Schey von Koromla. Wer das Palais Schey an der Wiener Ringstraße (Goethegasse 3/Opernring 10) kennt, kann erahnen, aus welcher angesehenen Familie die Gattin des Prof. Lieben kam. Mathilde hatte ihren Musikunterricht durch keinen Geringeren als Hugo Wolf erhalten, ihre Geschwister waren entweder selber Universitätsprofessoren oder sie waren mit Professoren verheiratet.

Wesentliches Merkmal der Hochkultur in der Reichshauptstadt der Donaumonarchie waren die zahlreichen Salons. Arthur Schnitzler schildert in „Der Weg ins Freie" (geschrieben 1905–1907) die Welt dieser Salons. Empfehlenswerte Lektüre ist dieser Roman deswegen, weil als Vorlagen einiger der darin geschilderten Figuren real existierende Menschen dienten, die den Salon der Mathilde Lieben besuchten.[11]

Mathilde Lieben führte nämlich einen derartigen Salon, zunächst sehr beengt in den Räumen der Dienstwohnung in der Wasagasse im alten Chemischen Institut, ab 1906 in der von ihrem Gatten nach dessen Emeritierung erworbenen Dachwohnung in einem Teil des Palais Ephrussi an der Mölkerbastei.

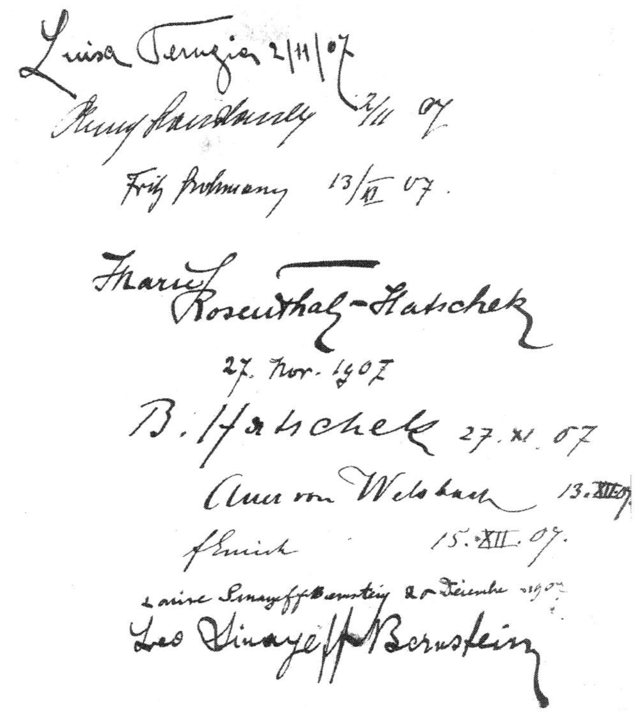

Abb. 4: Seite vom 2. 11. 1907 bis zum 15. 12. 1907 des Gästebuchs der Mathilde Lieben.

Im Haus Mölkerbastei Nr. 5 gab es genügend Platz, um große Gesellschaften zu veranstalten. Es stand sogar ein damals unüblicher Dachgarten zur Verfügung mit freiem Blick hin zum alten Chemischen Institut in der Währinger Straße, aber auch zur Schottenkirche und zum Stephansdom. Mathilde – so schildert es ihr Sohn Fritz Lieben – hatte *„ihr Haus zu einem Mittelpunkt der vornehmen Geselligkeit"* gemacht.

Carl Auer von Welsbach zählte zu den Besuchern des Salons der Liebens. Überhaupt war sein Kontakt zur Familie Lieben erstaunlich intensiv. So finden wir Carl Auer von Welsbachs Unterschrift am 13. Dezember 1907 im Gästebuch (Abb. 4), nach der des Zoologen Berthold Hatschek (27. November) und vor der des Chemikers Friedrich Emich (15. Dezember) sowie der des Bildhauers Leo Sinayeff-Bernstein mit Gattin Louise (20. Dezember 1907).[12]

Wenn man bedenkt, welche Welt das damals war, und wie sie untergegangen ist, so ist es schwer, seine Emotionen zurückzuhalten: Berthold Hatschek war ein tschechisch-österreichischer Zoologe. 1941 wurde der Sechsundachtzigjährige aus seiner Wohnung deportiert, er starb kurz darauf noch in Wien.[13] Seine Gattin Marie Rosenthal-Hatschek war eine Portraitistin aus Lemberg. Sie wurde 1942 deportiert und starb in einem KZ. Der bekannte Bildhauer Leo Sinayeff-Bernstein ist am 8. Februar 1944 in Auschwitz ermordet worden.[14] Luisa Perugia, die am 2. 11. 1907 bei der Familie Lieben zu Gast war, hat zwar den Holocaust überlebt, ihr Vermögen ist im Juli 1944 von der SS geraubt worden.[15]

Auers prominentester Mitarbeiter Ludwig Camillo Haitinger gehörte ebenfalls zum Besucherkreis des Liebenschen Salons. Er hatte bereits am 12. November 1906 seinem frühen Förderer Prof. Lieben einen Besuch abgestat-

[11] F. Lieben, Aus der Zeit meines Lebens. Erinnerungen von Fritz Lieben, maschinegeschriebenes Manuskript aus 1960, Jüdisches Museum Wien, S. 44.

[12] I. Stadler und R. W. Soukup, Das Gästebuch der Familie Lieben. Ein Dokument der Kontakte dieser Wissenschaftlerfamilie zu in- und ausländischen Gelehrten vor und nach dem Ersten Weltkriege, Mensch – Wissenschaft – Magie; Mitteilungen der Österreichischen Gesellschaft für Wissenschaftsgeschichte Band 26, 2009, S. 161–180.

[13] Siehe http://rocek.gli.cas.cz/hatschek_soubory/biography.htm (zuletzt besucht am 26. 10. 2008).

[14] Siehe http://www.droit.org/jo/20030222/DEFS0301020A.html (zuletzt besucht am 26. 10. 2008).

[15] Siehe: http://www.governo.it/Presidenza/DICA/beni_ebraici/english_version/389_411_dg.pdf (zuletzt besucht am 26. 10. 2008)

tet. Ludwig Haitinger (1860–1945) war seit 1880 Privatassistent Liebens.[16] Haitinger klärte die Konstitution der Chelidonsäure und des Pyrons auf und beobachtete am Oxypyridin eine Eigenschaft, die man später Tautomerie nennen wird.

1886 unterstützte Haitinger Auer von Welsbach bei der Herstellung seiner Imprägnierflüssigkeiten – des sogenannten Fluids –, als Auer von Welsbach seine ersten Glühkörper aus Lanthanoxid und Zirkonoxid in den Kellerräumen des II. Chemischen Instituts in der Währingerstraße produzierte. Für kurze Zeit wurde auch im Wohnhaus der Mutter in der Theresianumgasse 25 produziert.

Im Sommer 1887 kaufte Auer von Welsbach ein Fabriksgelände in Atzgersdorf.[17] Haitinger wurde mit der Leitung der für die Fluidherstellung gegründeten Welsbach & Williams Ltd. in Wien-Atzgersdorf betraut. 1889 musste die Fabrik in Atzgersdorf schließen. Es gab große technische Probleme. Auer von Welsbach musste alle seine Chemiker entlassen, er arbeitete zuletzt alleine in der von ihm gekauften Fabrik. Haitinger war arbeitslos geworden.

Haitinger ging an die Universität zurück. Hier sollte er für Otto Dammers „Handbuch der anorganischen Chemie" die Kapitel über Seltene Erden, Chrom, Molybdän und Wolfram schreiben. Er las bei diesen Studien etwas vom Leuchten chromhältiger Tonerde und stellte daraufhin einen Chrom-Tonerde-Glühkörper her. Dieses Ergebnis war für Auer von Welsbach Anregung, neue Versuche anzustellen, die damit endeten, dass nun andere Wege beschritten wurden und letztlich ein perfekter Glühkörper mit 99% Thoriumoxid und 1% Ceroxid patentiert werden konnte (im August 1891).

Im Frühjahr 1892 verließ Haitinger erneut die Universität und ging wieder nach Atzgersdorf. 1893 wurde er Direktor der Österreichischen Gaslicht AG.

In der Atzgersdorfer Fabrik stellte einige Jahre danach ein gewisser Dr. Anton Lederer die ersten Wolframlampen her. Anton Lederer, geb. 1870 in Prag, war ebenfalls ein sehr wichtiger Mitarbeiter Auer von Welsbachs.[18]

Anton Lederer hätte in Prag eigentlich eine Apotheke übernehmen sollen. Er heiratete die Tochter des Physikers Ernst Mach, Caroline Mach.[19] Beeinflusst durch Mach ist Anton Lederer 1898 an die Universität Wien gegangen. Hier wurde er Schüler von Prof. Lieben. Nach Fertigstellung seiner Dissertation am II. Chemischen Institut brachte ihn Adolf Lieben mit Carl Auer von Welsbach zusammen.

1903 wurde Dr. Lederer von der Österreichischen Auer-Gesellschaft in Atzgersdorf angestellt. Lederer leitete diese Fabrik dann als selbständige „Osmiumlicht-Unternehmung", später unter dem Namen „Westinghouse". Es gelang Lederer 1904/05 das Auersche Pasteverfahren auf das Metall Wolfram anzuwenden. Verbesserungen der Wolframlampe fanden in zahlreichen Patenten Lederers ihren Niederschlag.

Es ist bemerkenswert, dass es zwei Studenten seines Lehrers Adolf Lieben waren, die Auer von Welsbachs Ideen zum Durchbruch verhalfen.

Wenn wir nun zu Auer von Welsbachs letzter großer Erfindung, nämlich der des Zündsteins von 1903 kommen, dann kehren wir in einem gewissen Sinn an den Anfang zurück, nämlich ins Bunsensche Laboratorium der Universität Heidelberg. Dort hatte von 1872 bis 1875 der 1853 in Honolulu geborene William Francis Hillebrand studiert. Hillebrand promovierte 1875 (also fünf Jahre bevor Auer von Welsbach nach Heidelberg kam) in Heidelberg mit einer Arbeit über das Element Cer und andere Seltene Erdelemente, darunter das Didym. Hillebrand hatte als erster bemerkt, dass beim Feilen von Cer Funken entstehen.[20] Hillebrand war es zusammen mit Thomas Herbert Norton (1851–1941) zum ersten Mal gelungen, metallisches Cer, Lanthan und Didym herzustellen.

---

[16] Zu Haitinger siehe Sedlacek 1934, S. 34; P. Unfried, „Hist. Sammlung des Inst. f. Anorg. Chemie", http://bibliothek.univie. ac.at/sammlungen/historische_sammlung_des_instituts_fuer_anorganische_chemie.html (zuletzt besucht am 27. 10. 2008).

[17] P. Holzer, Geschichte der 23 Wiener Gemeindebezirke, in: Wien 2000, Bd. 1, Verl. Wirtschaft Kommunikation Kultur, Wien 2000, S. 275.

[18] Zu Anton Lederer siehe Sedlacek 1934, S. 53f. Ein Interview mit seinem Sohn Ernst Lederer publizierte F. A. Polkinghorn, Center for the History of Electrical Engineering, February 6, 1973 http://www.ieee.org/portal/cms_docs_iportals/iportals/ aboutus/history_center/oral_history/pdfs/Lederer004.pdf (Seite zuletzt besucht am 25. 10. 2008).

[19] Mitteilung von Doz. Dr. Gerhard Pohl, August 2008.

[20] Zu Hillebrand siehe: F. W. Clarke, Biographical Memoir of William Francis Hillebrand 1853 – 1925, http://books.nap.edu/ html/biomems/whillebrand.pdf (zuletzt besucht am 25. 10. 2008).

Inwieweit Auer von Welsbach von den Beobachtungen Hillebrands wusste, als er die Monazitsand-Rückstände in seiner Fabrik in Treibach[21] auf Verwendbarkeit hin einer Prüfung unterzog, ist bisher noch nicht untersucht worden. Man müsste die Vorlesungsmitschriften Auers auf diese Frage hin sorgfältig durcharbeiten. Dies ist aber noch nicht erfolgt. Und so müssen wir uns eingestehen, dass wir in der gründlichen Erforschung des Lebenswerks Auers eigentlich erst am Anfang stehen.

Dank

Der Autor dankt Frau Dr. Juliane Mikoletzky und Herrn Dr. Paulus Ebner vom Archiv der TU Wien für deren Hilfestellung sowie Herrn Roland Adunka, dem Leiter des Auer von Welsbach-Museums in Althofen für wertvolle Informationen.

---

[21] O. Smetana und W. Dauschan, Treibacher Chemische Werke. Entstehung und Entwicklung bis 1980, Treibacher Chemische Werke AG, Treibach-Althofen 1980.

Carl Auer von Welsbach als Patentinhaber

Ingrid Weidinger

Dr. Carl Auer, Freiherr von Welsbach (1858–1929) erwarb sich nicht nur als Entdecker der vier chemischen Elemente Neodym, Praseodym, Ytterbium und Lutetium sondern auch als Erfinder des Glühstrumpfs für das Gaslicht, der Metallfadenlampe für das elektrische Licht und des Zündsteins für Feuerzeuge große Verdienste.

Eine große Anzahl von Patenten im In- und Ausland zeigt von der regen Tätigkeit Auer von Welsbachs.

Im Jahr 1884 hat er seine erste Erfindung, die sogenannte „Brückenlichtlampe", zum Patent angemeldet. Dass diese „Lichtmaschine" keine technisch brauchbare Lösung war, hat Auer bald erkannt und sich auch nicht bemüht, diese Erfindung zu verwerten.

1885 hat Auer sein erstes österreichisches Privilegium (Vorläufer der Patente) über „Leuchtkörper für Incandescenzgasbrenner, genannt Actinophor", erhalten (35/2470).

Die Leuchtkörper wurden durch Tränken von Geweben mit Lösungen, z.B. der Nitrate seltener Erden und Veraschen hergestellt, wobei der Oxydmantel zurückblieb. Durch verschiedene Mischungen der Oxyde von Zirkon, Magnesium, Lanthan, Yttrium, Neodym, Ceriterden und Thorium konnten verschiedene Nuancierungen des weißen Lichts ins Gelbliche und Grünliche erreicht werden.

Ein weiteres Privilegium hat Auer 10 Tage später ebenfalls für „Leuchtkörper für Incandescenzgasbrenner, genannt Actinophor", erhalten (36/40).

Die Verbesserung im zweiten Privilegium bestand hauptsächlich in dem Hinweis auf die zusätzliche Verwendbarkeit des Glühkörpers auch in einer Spiritusflamme.

Seine „Leuchtkörper für Incandescentgasbrenner" bzw. weitere Verbesserungen wurden nicht nur in Österreich sondern auch im Deutschen Reich patentiert.

Von dieser Beobachtung des „Aschenskeletts" bis zum Gasglühlicht war allerdings ein weiter Weg.

Patente wie ein „Neuer Incandeszenz-Glühkörper" (37/26), das „Gasglühlicht betreffende Neuerungen" (37/976) und „Neuartige Glühkörper für Leuchtzwecke" (38/860) zeigen die weitere Entwicklung.

Schließlich entstand das neue Gasglühlicht mit Auer-Strümpfen, die aus 90% Thorium und 1% Cer bestanden und die noch immer verwendet werden. Diese Verbesserungen seines Glühstrumpfes wurden 1891 in Deutschland als „Auer-Glühstrumpf" zum Patent angemeldet.

Auer hat trotz des großen finanziellen Erfolges seiner Erfindung nicht aufgehört, weiter nach besseren technischen Lösungen zu suchen. „Das Bessere ist der Feind des Guten" war einer seiner Leitsprüche. Er ging dazu über, Versuche mit Osmium, das damals als Metall mit dem höchsten Schmelzpunkt angesehen wurde, durchzuführen. Es ist Auer gelungen, aus diesem spröden Metall sehr dünne Drähte herzustellen und ein Verfahren zu entwickeln, bei dem kolloidales Osmiummetall mit Zuckerlösungen zu einer Paste angeteigt und dann durch ganz feine Diamantdüsen gepresst wurde. 1898 kann als das Geburtsjahr der Metallfadenlampe bezeichnet werden. Sowohl die „Neuerungen in der Erzeugung von Osmiumglühlampen" (48/5306) als auch die „Elektrische Lampe und ein Verfahren zu deren Herstellung" (48/5307) fallen in diese Zeit. Im Jahr 1900 erstrahlten auf der Weltausstellung in Paris erstmalig eine größere Anzahl dieser Lampen. Im ersten Jahr nach der Patenterteilung wurden allein in Wien und Budapest 90.000 Auer-Brenner verkauft, 1913 betrug die weltweite Jahresproduktion 300 Millionen Stück.

1903 (AT 12766) erhält er ein Patent für ein „Verfahren zur Regenerierung bräunlich gewordener Osmiumglühlampen".

Bei Auers letzter großen technischen Erfindung stellte er fest, dass das Cer sich mit dem Eisen legiert, dass diese Eisen-Cer-Legierung sich hinsichtlich ihrer Festigkeitseigenschaften und der Oxidationsbeständigkeit sehr vorteilhaft vom Cer-Metall unterschied und dass diese Legierung beim Ritzen mit einem harten Gegenstand lebhafte Funken sprühte, die so intensiv waren, dass man damit einen Docht oder eine Flamme entzünden konnte. Das moderne Cereisenfeuerzeug war erfunden. 1903 lässt er sich das „Auermetall" patentieren (DE 154807).

1907 brachte er entsprechende Feuerzeuge auf den Markt und auch die heutigen Gasfeuerzeuge mit Zündstein basieren auf Auers Cereisen.

1904 erhält er ein Patent „Erregerflüssigkeit für elektrische Sammler" (AT 15250) und 1905 eines für „Pyrophore Metallegierungen" (AT 19251).

Einige Privilegien werden an die Österreichische Gasglühlicht-Actiengesellschaft in Wien übertragen. Die Gesellschaft tritt auch selbst als Anmelder auf. So werden Privilegien für eine „Anzündevorrichtung" (44/3345), einen „Brenner für Gasglühlicht" (45/3240), einen „Gasglühlichtbrenner mit Glühkörperträger" (45/4952) und einen „Kettenglühkörper" (47/1320) erteilt.

Auer hatte in vielen Ländern (Schweiz, Deutschland, Vereinigtes Königreich, Dänemark, Finnland, Vereinigte Staaten,…..) Patente. Neben der Österreichischen Glasglühlicht-Actiengesellschaft existieren auch eine Schweizer, Deutsche usw. Gasglühlichtgesellschaft.

Die Rechtsgrundlagen für Auers Erfindungen sind das Privilegiengesetz von 1852 und das Patentgesetz von 1897.
Bis zum Patentgesetz von 1897 blieb der Ausdruck „Privilegien" für Erfindungspatente erhalten.[1]

Die beiden ersten großen Erfindungen Auers, der „Actinophor" und das „Gasglühlicht" wurden nach dem Privilegiengesetz *(Kaiserliches Patent vom 15. August 1852)*[2] erteilt.
Hier sind bereits die ersten Ansätze der späteren modernen Patentgesetzgebung vorhanden.
— Gegenstand eines Privilegiums ist eine neue Entdeckung, Erfindung oder Verbesserung.
— Bedingungen und Verfahren zur Erlangung betreffen die Formalerfordernisse inkl. Privilegiumtaxen (Jahresgebühren) und die Verpflichtung zur detaillierten Beschreibung.
  Die Anmeldegebühr beträgt 3 Gulden für den 1. Bogen, ab dann 50 Kreuzer für jeden weiteren Bogen.
  Die Jahresgebühren für die ersten 5 Jahre belaufen sich auf jeweils 20 Gulden, dann von 30 Gulden im sechsten Jahr bis zu 100 Gulden im 15. Jahr, insgesamt 700 Gulden bei einer Höchstdauer von 15 Jahren.
— Die Vorteile und Befugnisse liegen im ausschließenden Gebrauch der Entdeckung, Erfindung oder Verbesserung.
— Der Umfang der gesetzlichen Wirksamkeit jedes Privilegiums erstreckt sich auf das gesamte österreichische Reichsgebiet. Die höchste Dauer wird auf 15 Jahre festgesetzt, beginnend von dem Tag der Ausfertigung der Privilegiumsurkunde.
— Die Registrierung der Privilegien erfolgt beim Register im Ministerium für Handel und Gewerbe. Die Privilegienbeschreibung wird in einem eigenen Privilegienarchiv aufbewahrt.
— Die Übertragung jedes Privilegiums kann ganz oder teilweise erfolgen. Die Übertragungsurkunde muss durch die Statthalterei des Kronlands unter Anschluss der Privilegiumsurkunde dem Ministerium vorgelegt werden.
— Verfahren in Patentstreitigkeiten betreffen die Nachahmung. Vergehen werden strafgerichtlich verfolgt.

Der „Zündstein" wurde bereits nach dem ersten Patentgesetz erteilt. *(Patentgesetz vom 11. Jänner 1897)*[3]
Der Einführung des Erfindungsschutzes in Österreich gingen eine Reihe von Vorbereitungsarbeiten voran; Anlass dafür war der erste internationale Patentkongress, der anlässlich der Weltausstellung in Wien vom 4. bis 8. August 1873 abgehalten wurde. Mit den Beschlüssen dieses Kongresses wurden die Basis für die Pariser Verbandsübereinkunft vom 20. März 1883 und die Grundzüge eines modernen Patenrechts festgelegt. Die „Pariser Verbandsübereinkunft von 1883" regelt die gegenseitige Anerkennung von gewerblichen Schutzrechten. Praktisch alle Industrieländer sind diesem Übereinkommen beigetreten, wonach innerhalb einer bestimmten Frist (Prioritätsfrist) einer ausländischen Anmeldung im jeweiligen Land der frühere Erstanmeldungstag zuerkannt wird. Die Grundzüge eines modernen Patenrechts betreffen das Recht des Erfinders auf ausschließliche Benützung seiner Erfindung, die Vollständigkeit der Beschreibung der Erfindung und deren Veröffentlichung in der Patentschrift, eine einheitliche Patentdauer von 15 Jahren, die Patentgebühren und das Instrument der freiwilligen Lizenz und der Zwangslizenz. Der Patentinhaber kann für eine Erfindung, welche ohne Benützung einer früheren patentierten Erfindung nicht verwertet werden kann, vom Inhaber der Letzteren die Erteilung der Erlaubnis zur Be-

[1] Dölemeyer, Barbara: Vom Privileg zum Gesetz. In: Ius Commune. XV (1988), S. 69.
[2] Kaiserliches Patent vom 15. August 1852, R.G.Bl. No. 184.
[3] Patentgesetz vom 11. Jänner 1897, R.G.Bl. No. 30.

nützung derselben verlangen, wenn drei Jahre verflossen sind und die spätere Erfindung von großer gewerblicher Bedeutung ist.

Ab dem Jahr 1891 wurden immer wieder überarbeitete Patentgesetzentwürfe ausgesandt und von den einschlägigen Kreisen kommentiert; der Weitsicht aller an den damaligen Diskussionen Beteiligten, insbesondere den Vertretern der Wirtschaft und Industrie, ist es zu danken, dass in Österreich nicht ein registrierendes, sondern ein prüfendes Patentamt errichtet wurde.

Am 1. Juni 1897 wurde das erste österreichische Patentgesetz beschlossen. Erstmals wurde ein Rechtsanspruch des Urhebers einer Erfindung auf Patenterteilung anerkannt. Als zentrale Patenterteilungsbehörde wurde das Österreichische Patentamt errichtet und als Rechtsmittelinstanz der Patentgerichtshof geschaffen. Seit 1899 werden einlangende Patentanmeldungen auf Neuheit, Erfindungshöhe und technischen Fortschritt geprüft.

Die Entscheidung zugunsten eines zentralen Prüfungssystems war zugleich eine Entscheidung zum fortschreitenden Aufbau einer umfassenden Patentdokumentation. So gab es 1899 bereits 90000 Privilegien. Heute befinden sich 26 Millionen Patentdokumente aus 42 Ländern und internationalen Patentorganisationen in der Bibliothek des Österreichischen Patentamts.

Schwerpunkte in der Patentgesetzgebung von 1897:
— Der Gegenstand eines Patents sind neue Erfindungen, welche eine gewerbliche Anwendung zulassen.
— Vom Patentschutz ausgeschlossene Erfindungen betreffen gesetzwidrige bzw. unsittliche Erfindungen, wissenschaftliche Lehrsätze, Erfindungen, deren Gegenstand einem staatlichen Monopolrecht vorbehalten sind, Nahrungs- und Genussmittel, Heilmittel, und Stoffe, welche auf chemischem Wege hergestellt werden.
— Neuheit: Eine Erfindung gilt nicht als neu, wenn sie bereits vor dem Zeitpunkt der Anmeldung in bereits veröffentlichten Druckschriften beschrieben ist, im Inland benutzt oder öffentlich zur Schau gestellt wurde oder bereits Gegenstand eines im Geltungsgebiets dieses Gesetzes in Kraft gestandenen Patents gebildet hat und zum Gemeingut geworden ist.
— Einen Anspruch auf ein Patent hat nur der Urheber dieser Erfindung oder dessen Rechtsnachfolger, im Allgemeinen der erste Anmelder.
— Die Vertreterregelung besagt, dass, wer nicht im Inland wohnt, einen im Inland wohnhaften Vertreter haben muss.
— Die Dauer des Patents beträgt 15 Jahre beginnend mit dem Tag der Bekanntmachung der angemeldeten Erfindung im Patentblatt.
— Die Übertragung besagt, dass das Recht aus der Anmeldung eines Patents auf die Erben übergeht.
— Patentbehörden, Patentorgane und Patenteinrichtungen betreffen den Sitz und die Zusammensetzung des Patentamtes und die Geschäftsordnung.
— Der Patentgerichtshof ist die Berufungsinstanz gegen die Entscheidungen der Nichtigkeitsabteilung des Patentamtes.
    Der Senat setzt sich aus dem Präsidenten oder einem Senatspräsidenten des Obersten Gerichtshofs, einem Rat des Handelsministeriums, zwei Hofräten des Obersten Gerichts- und Cassationshofes oder deren Stellvertretern und aus drei fachtechnischen Mitgliedern als Räte zusammen.
— Zur berufsmäßigen Vertretung von Parteien vor den Behörden in Patentangelegenheiten sind nur Advokaten, die behördlich autorisierten Privattechniker, Patentanwälte und die Finanzprokuratur befugt.
— Vom Patentamt wird ein periodisch erscheinendes amtliches Patentblatt herausgegeben, in dem die Kundmachungen zu publizieren sind.
— Das im Patentamt geführte Patentregister bietet jedermann u.a. Einsicht über Patentnummern, den Gegenstand und die Dauer der erteilten Patente, den Namen und den Wohnort der Patentinhaber.
— Mit dem Zeitpunkt der ordnungsgemäßen Anmeldung eines Patents erlangt der Bewerber das Recht der Priorität für seine Erfindung. Von diesem Zeitpunkt an genießt er gegenüber einer jeden später angemeldeten gleichen Erfindung den Vorrang.
— Die Anmeldung unterliegt einer Vorprüfung durch ein Mitglied der Anmeldeabteilung. Technik und Chemie ist in den Anmeldeabteilungen nach Fachgebieten unterteilt.
— Innerhalb der Auslegefrist von zwei Monaten seit dem Tag der Bekanntmachung kann gegen die Erteilung des Patents beim Patentamt Einspruch erhoben werden.

– Ist die Erteilung des Patents beschlossen, verfügt das Patentamt die Eintragung der geschützten Erfindung in das Patentregister, die Kundmachung der Erteilung im Patentblatt, die Ausfertigung der Patenturkunde für den Patentinhaber, sowie die Drucklegung und Veröffentlichung der Patentbeschreibung.

– Die Anmeldegebühr beträgt 10 Gulden, die Jahresgebühr reicht von 20 Gulden im 1. Jahr bis zu 340 Gulden im 15. Jahr, insgesamt bei voller Dauer 1965 Gulden.

Betreffend die Gewerbebegünstigung gab es bereits damals eine Regelung, die bis heute (Patentgesetz 2005; § 31) 8) erhalten geblieben ist.[4]

Ein Anmelder oder sein Rechtsnachfolger können die Erfindung vom Tag der Bekanntmachung der Anmeldung in dem aus der ausgelegten Anmeldung sich ergebenden Schutzumfang gewerbsmäßig ausüben, ohne an die Vorschriften für die Erlangung einer Gewerbeberechtigung gebunden zu sein. Diese gesetzliche Bestimmung ermöglicht dem Erfinder, ohne ein Gewerbe erlernt zu haben, seine Erfindung technisch und kaufmännisch umzusetzen.

Viele Unternehmen sind unter dem Schutze von Patenten erst groß geworden. Und ebenso ist es der Patentschutz für ihre Produkte gewesen, der es ihnen ermöglichte, einen individuellen Charakter zu entwickeln und zu behaupten.

Die Wirkung, die die Patente auf die Entwicklung der Technik und weiterhin auf die Industrie ausgeübt haben, ist nicht auf eine einfache Formel zu bringen. Es ist nicht eine einheitliche Wirkung, sondern ein komplexer Vorgang mit einer Reihe von Wirkungen und Wechselwirkungen. Der Patentinhaber hat auf eine bestimmte Zeit allein das Recht, den Gegenstand des Patentes herzustellen und zu vertreiben, also unter Ausschluss der Konkurrenz. Damit dieses Recht technische und wirtschaftliche Bedeutung erlangt, nämlich eine zeitliche Beherrschung des Marktes, muss der „Gegenstand" des Patents auch marktfähig sein. Dies ist aber eine Erfindung in der Regel auch nach der Patenterteilung noch nicht. Das Problem liegt darin, das Verfahren, die Erzeugung, in den wirklichen Betrieb überzuführen. Das ist nur dann möglich, wenn das aufwendende Unternehmen die Sicherheit zu haben glaubt, dass diese Aufwendungen sich später durch eine Marktbeherrschung auch rentieren und Geld verdient werden kann. Der Erfinder muss auch für die Zeit nach der Erlöschung seines Patents gerüstet sein. Er muss wieder einen technischen Vorsprung vor der Konkurrenz haben. Das Ziel ist, eine Verbesserung zu finden, die den Gegenstand des Patents als überholt scheinen lässt, wenn er für die Allgemeinheit frei wird. Dadurch, dass ein Patent einen bestimmten Weg für andere Firmen sperrt, zwingt es diese, nach anderen Wegen zum Fortschritt zu suchen, und dieser Zwang führt zu neuen Erfindungen.

PATENTSTREITIGKEITEN ZEUGEN VON DEN PROBLEMEN BEI AUERS ERFINDUNGEN

Das am 10. August 1891 in Wien eingereichte Patent ist vom Patentamt wegen mangelnder Beschreibung zurückgewiesen und erst mit einer abgeänderten dritten Beschreibung angenommen worden.

Auer war in Patentsachen nicht sehr glücklich beraten. In Deutschland hat der Prüfer die Anmeldung mit der Begründung zurückgewiesen, sie sei schon von den älteren Patenten abgedeckt. Auer ist nicht in die Beschwerdeinstanz gegangen, sondern hat sich mit dieser Entscheidung begnügt. Das war ein Fehler. In anderen Staaten ist Auer trotz geführter Patentprozesse der volle Patentschutz erhalten geblieben. In Deutschland war eine Reihe von Konkurrenten von der Deutschen Auergesellschaft wegen Patentverletzung verklagt worden. Etwa 10 Firmen haben daraufhin eine Nichtigkeitsklage gegen Auers Patente erhoben. Über 6 Jahre lang sind diese Prozesse geführt worden. Das Urteil des Reichsgerichts vom 14. Juli 1896 hat die Patentansprüche zweier Reichspatente in wesentlichen Punkten eingeschränkt. Im Urteil des Kammergerichts vom 2. März 1898 und vom Reichsgericht vom 2. Juli 1898 ist dann entschieden worden, dass die Thor-Cer-Glühkörper einen Patentschutz nicht genießen und dass daher eine Verletzung bestehender Patente durch die Beklagten nicht vorliege. Die namhaftesten Chemiker hatten Gutachten abzulegen: Landolt, Witt, Fresenius, Hintz, Marckwald, von Knorre usw. Die Urteile selbst sind Muster schärfster Argumentation.

„Im Laufe seiner Untersuchungen machte derselbe Dr. Auer von Welsbach eine neue Erfindung, auf welcher anscheinend der glänzende Erfolg beruht, welchen das Gasglühlicht neuerdings gewonnen hat. Er zeigte dem Kaiserlichen Patentamt am 12. August 1891 an, dass, wenn Thoroxyd mit gewissen Oxyden im Zustande molekularer Mischung

---

[4] Weiser, Andreas: Patentgesetz. Gebrauchsmustergesetz. 2005. § 31

geglüht wird, und jene Oxyde, die in nur ganz geringer Menge vorhanden sind, sich eigentümliche, bisher unbekannt gewesene, durch ihr außerordentliches Licht-Emissionsvermögen und durch ihre enorme Glühwiderstandsfähigkeit besonders charakterisierte Körper bilden. Diese merkwürdigen Erscheinungen treten umso markanter auf, je reiner das verwendete Thoriumpräparat ist. (Reichsgericht 14. Juli 1896)

„Das Patentamt hat ihn damals nicht verstanden. Es hat seine Anmeldung auf die neue Verbindung „…"beanstandet, weil"…"Thoroxyd in Verbindung mit anderen Erden zur Herstellung von Glühkörpern bereits in einem anderen Patent unter Schutz gestellt sei."[5]

1905 berichtet Auer der Akademie der Wissenschaften, dass sich gemäß seiner funkenspektroskopischen Analysen Ytterbium aus zwei Elementen zusammensetzt. Er nennt sie Aldebaranium und Cassiopeium, heute heißen sie Ytterbium und Lutetium. Er veröffentlicht zunächst weder die erhaltenen Spektren noch das ermittelte Atomgewicht.

1907 reklamiert der Franzose Georges Urbain die Entdeckung für sich. 1909 entschied die internationale Atomgewichtskommission unter dem Vorsitz von Urbain für Urbain, er hatte seine Spektren und das Atomgewicht früher eingereicht. Erst 1923 stellt ein Bericht der deutschen Atomgewichtskommission Auers Priorität fest.[6] Heute wissen wir, dass die zwei Chemiker ihre Entdeckungen unabhängig voneinander tätigten.

OSRAM – LICHT HAT EINEN NAMEN!

Sie ist eine der traditionsreichsten Marken weltweit, gilt in aller Welt als Inbegriff von Licht.

WZ 86.924: Hinter dieser alphanumerischen Kombination der Warenzeichenrolle verbirgt sich die Wortmarke (im deutschen Sprachgebrauch Warenzeichen) OSRAM. Am 17. April 1906 wurde sie von der Deutschen Gasglühlicht-Anstalt (auch Auergesellschaft genannt) in die Warenzeichenrolle des Kaiserlichen Patentamtes in Berlin für die Warenklasse „Elektrische Glüh- und Bogenlichtlampen" eingetragen. Der weltberühmte Name von 1906 war aus den früher gängigen Glühwendelmaterialien – zuerst OSmium und später WolfRAM entstanden.

Die Auergesellschaft gründete gemeinsam mit AEG und Siemens & Halske die OSRAM G.m.b.H. und nahm 1919 ihre Geschäftstätigkeit auf.

1919 entstand auch die weltberühmte Bildmarke OSRAM. Sie zeigt in ihrer ursprünglichen Fassung die damalige Langdrahtlampe mit der charakteristischen Pumpspritze am Kolben. 1921 wurde sie erstmalig stilisiert. Das OSRAM-Oval ist in den drei Farben orange, weiß und blau geschützt.

Österreichische Privilegien und Patente:
35/2470
36/40
37/26
38/860
48/5307
AT 12766
AT 15250
AT 19251

Deutsche Patente:
DE   39162
DE   41945
DE   44016
DE   74745
DE 134665
DE 138135
DE 140468
DE 154807

Deutsches Warenzeichen:
WZ 86.924 OSRAM

---

[5] Berichte der Deutschen Chemischen Gesellschaft 64 (1931), Bd.1, A 74.
[6] Blätter für Technikgeschichte 20 (1958) S. 51.